原発「廃炉」地域ハンドブック

尾松亮 編著
乾康代・今井照・大城聡 著

TOYO SHOTEN
SHINSHA

原発「廃炉」地域ハンドブック　目次

序章　廃炉は地域の「自分ごと」
1．「廃炉」が社会問題として意識されにくい四つの理由　12
2．〈住民参加〉と〈国の関与〉のあり方　17

第1部——世界の廃炉地域で何が起きたか

第1章　アメリカの廃炉地域
ケーススタディ1
使用済燃料を押し付けられる「廃炉後」の町　メイン州ウィスカセット町　34
ケーススタディ2
住民不在で「完了」へ突き進む　イリノイ州ザイオン市　48
ケーススタディ3
新参廃炉事業者に脅かされる地域住民の安全　マサチューセッツ州プリマス町　62

第2章　その他世界の廃炉地域
ケーススタディ4
地域再生の視点なき「国策国営」廃炉　ロシア・ビリビノ市　85

ケーススタディ5
地域を再生に導いた工業団地　ドイツ・ルブミン村　98

第1部まとめ　127

第2部——日本の廃炉に備える

第3章　廃炉決定プロセスの現在地
1. 廃炉が決まるとき　140
2. 同意する「地元」とは何を指すか　143
3. 女川原発の再稼働はどのように決まったか　145
4. 住民の意思との切断　147
5. 新潟県が進める原発事故の検証作業　150
6. 住民投票の制度化を　152

第4章　廃炉時代の地域防災
1. 範囲拡大・インフラ拡充でも実効性に課題　156
2. 「廃炉決定後」も続く事故のリスク　161
3. 懸念される「廃炉中」の防災縮小　165

4．「廃炉時代」を見据えた地域防災制度作りを　167

第5章　日本でも進む廃炉の「不透明化」

1．地域が監視すべき事柄とは　171
2．日本における地域からの廃炉監視　174
3．廃炉プロセス「不透明化」の罠　178

第6章　「廃炉基本条例」の可能性

1．廃炉を「地域主導」に変える鍵　188
2．「廃炉基本条例」素案　189
3．「廃炉基本条例」素案のポイント　194
4．条例の可能性　196
5．国策に使い捨てられないために　197

第2部まとめ　199

コラム1　原発廃炉のプロセスとは　20
コラム2　「廃炉完了」とはどんな状態？　25
コラム3　使用済燃料の保管が長期化する理由　45

コラム４　「敷地外」の目で廃炉を規制する　カリフォルニア沿岸委員会　76
コラム５　「廃炉」を理由にした地域防災プログラムの縮小を防ぐ　80
コラム６　国による地域再生支援　英国原子力廃止措置機関　122

補論　**事故原発に向き合う地域住民を守る制度**
1．雇用と労働条件を守る特例法
チェルノブイリ廃炉拠点スラヴチチ市　208
2．市民が汚染水処分方針を変えた
スリーマイル島原発「汚染除去」助言パネル　225

編著者あとがき　234

原発「廃炉」地域ハンドブック

序章　廃炉は地域の「自分ごと」

２０２１年１月時点で、日本ではすでに24基の商用原子炉の廃炉が決まっている。国際原子力機関（ＩＡＥＡ）によれば、日本は廃炉対象の原子炉数で米国、英国、ドイツに次ぐ第４位である（廃炉対象全原子炉の発電容量では第３位）。すでに日本は世界有数の廃炉原発立地国となっている（図１）。

そう言われても、原発が立地する地域に住む方の多くにとっては、「廃炉」によって自分たちの生活がどのように変わるのか、地域社会にどんな問題が起こりうるのか、明確なイメージは持ちにくいのではないだろうか。あるいは、「廃炉」は「どのようにすれば危険な放射性廃棄物を安全に処理・保管できるか」という電力会社にとっての技術的な問題だ、自分たちには関係がない、ととらえてはいないだろうか。

しかし、ＩＡＥＡや米国の研究機関の調査[1]では、原発廃炉が進む地域で生じうる「社会・経済的問題」として、次のような例が挙げられている。

①自治体にとっての問題

・原発事業者からの固定資産税・法人税収の減少
・原発閉鎖・廃炉事業縮小で失職した住民とその世帯の移出
・労働者の移出による地域住民の年齢構成の変化（高齢化の傾向）
・比較的高所得層であった原発従業員の減少による消費活動の低迷
・土地・不動産価格の下落
・原発跡地再利用の困難（特に使用済燃料貯蔵施設が残る場合）

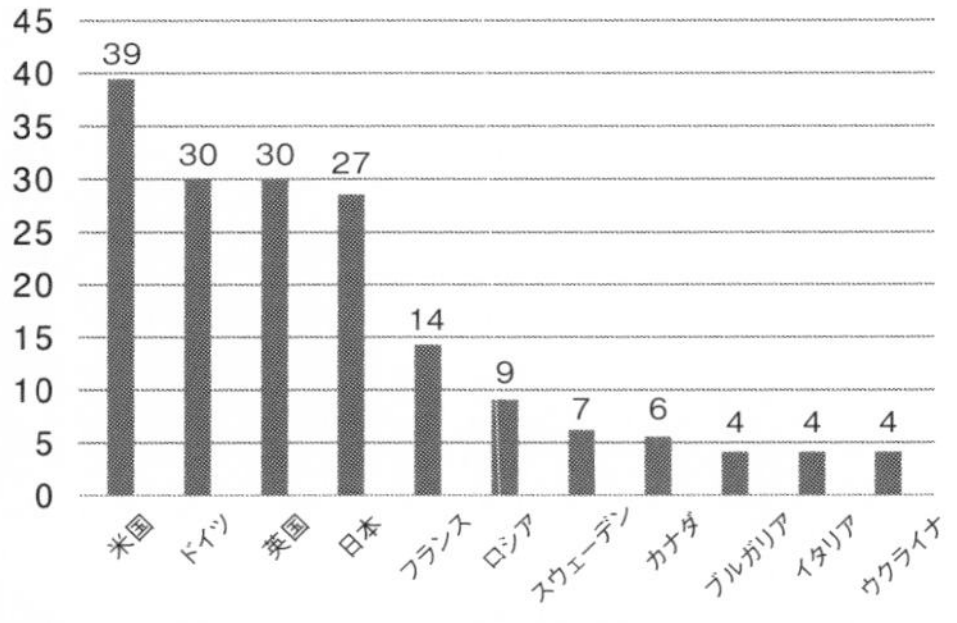

図1：廃炉決定（永久閉鎖）原子炉数上位11か国
（2020年1月28日時点）

出所:https://pris.iaea.org/PRIS/WorldStatistics
※日本の27基には、「もんじゅ」「ふげん」およびすでに解体済みのJPDRが含まれる

②住民にとっての問題
・事業者からの税収減を補填《ほてん》するための地方税増税（固定資産税など）
・電気料金・公共料金の引き上げ
・発電事業の停止・廃炉事業縮小による解雇や別地域での再就職
・原発事業者からの寄付や税収で行われていた社会事業・公共サービスの縮小・停止

・廃炉決定後の原子力防災対策・予算の縮小
・廃炉中のトラブルや環境汚染リスクについての情報公開の不足

このように、「廃炉」が原発立地地域にもたらす影響は多岐にわたる。電力会社が一方的に進め、地域社会はその結果を受け身にこうむればよい、というものではない。各原発が立地する地域社会が、それぞれの条件にあわせて「廃炉のかたち」に積極的に関わっていく必要があるのだ。

今求められているのは、原子炉の解体という技術的な問題としてではなく、地域社会の問題として廃炉を捉え直すこと、つまり「原発敷地外から廃炉を見る目」である。そのために、本書は、廃炉の工程が進む中で起こりうる地域の問題をあらかじめ想定すること、その問題に原発立地地域の自治体と住民はどう当事者として関わっていくか提案すること、をねらいとしている。

1.「廃炉」が社会問題として意識されにくい四つの理由
――思考停止の罠《わな》を超えて

筆者は、2019年から有志の研究者やジャーナリストとともに「廃炉制度研究会」を立ち上げ、海外の廃炉原発立地地域の社会制度に焦点をあてた調査を行ってきた。研究会ではエネルギー政策や医療、地方経済、海洋環境など様々な分野の専門家が集まり、「廃炉中」に生じうる社会問題について意見交換してきた。

廃炉を社会的側面から議論する目的ではじまったこの研究会でも、当初、具体的にどのような問題に焦点を当てるべきか、は手探りであった。海外の原発廃炉事例を調べた先行資料も、廃炉工程の技術的側面を論じたものや、「使用済燃料最終処分」など国策上の問題を扱ったものが多いことに気づかされる。これまで「廃炉決定後」の原発について、私たちの生活に関わる社会問題として意識されることは少なかったと痛感した。停止中の原発の「再稼働の是非」が、立地市町村を超えた広い地域で選挙の争点となってきたことと比べると、その差は大きい。

原発立地自治体や住民の間で「廃炉の影響」を想定した議論が遅れる、というのは海外でも同じようだ。米国内の多くの廃炉原発立地地域を調査した非営利団体は、立地自治体は共通して「原発閉鎖が避けられないことや関連する経済影響について、当初認識したがらない」と指摘する。[2] 同様に多くの住民も、「原発廃炉」が直近の生活にどう影響するのか想像がつかず、「特定業界の問題」「まだ先のこと」と片付けてしまう。ここに思考停止の罠がある。

日本では、「廃炉決定後」の問題が地域社会のテーマになりにくい理由として、特に以下が考えられる。

（1）国内に先例がないこと

日本が廃炉対象原子炉数で世界4位といっても、原発廃炉の歴史は浅く、国内で大規模な商用原子炉の廃炉が完了した例はまだない。また、福島第二原発と東海発電所を除けば、敷地内の全基廃炉が決まった商用原発はない。そのため、原発で廃炉が進むプロセスで（さらには廃炉が完了した後に）、立地地域の住民がどのような問題に直面するのか、をわかりやすく示す先例もない。廃炉プロセスが始まれば、「○○市のような問題が起こる」「△△市のような支援策がこの町にも必要」と言えるような事例が住民の手元にないのである。「廃炉期（廃炉後）の地域社会」についてのイメージを住民が持ちにくいのは当然である。

これに対し、本書では、日本より早く廃炉時代を迎えた欧米諸国の廃炉地域の事例を紹介し、議論のきっかけとしたい。

（2）「敷地内の技術的問題」という誤解

原子力発電所の廃炉作業そのものは、基本的には発電所敷地内で行われる。原子炉からの使用済核燃料の抜き出しと冷却管理、発電所施設の解体、放射性廃棄物の管理、敷地の除染などである。そのため「廃炉」は閉ざされた原発敷地内で進行する専門的な工程、というイメージが強い。敷地外で生活する私たちとは「直接は関係ない技術工程」という理解が一般的ではないだろうか。

しかし、使用済燃料の抜き出しや貯蔵プールでの管理時には、原発運転中と同等か、場合によってはそれ以上の事故リスクがある。冷却済みの燃料を原発敷地内で長期保管する場合にも、事故リスクがなくなるわけではない。そのため停止後の原発であっても、周辺地域に対する防災上の対策は引き続き必要である。

その他にも、原発廃炉は汚染施設の解体や、放射性廃棄物の取り扱いを含む作業である。そのため周辺環境への汚染拡散の点でも、運転時以上にリスクは高まると言える。

このように、原発廃炉は「敷地外」の安全や環境に直接の影響を与えうる地域社会の問題である。本書の第1部で紹介する海外の廃炉地域では、廃炉中の原発周辺地域に対する防災対策を縮小するケースがあり、地域住民から反発の声も高まっている。

（3）まだ先の問題という認識

一般に原子力発電所の廃炉（廃止措置）には数十年かかると言われる。廃炉計画によっては、原発の停止から廃炉作業開始まで一定の期間を置く場合もある。そのため「廃炉決定」は、「数十年かかるプロセスがこれからはじまる」ということに過ぎない。

解体工事など本格的な廃炉工程がはじまるまでは、停止中の原発に対するのと同様の保守・点検業務も必要になる。「廃炉決定」後も短期的には、地域社会・経済への影響が実感されにくい場合もある。

しかし、当該原発が「発電施設」でなくなれば、事業規模の縮小や関連雇用数の減少は避けられない。世界の廃炉原発立地地域の事例を見ると、廃炉工程が進むにつれて事業規模が縮小され雇用される労働者の数も減少していることが分かる。「廃炉事業」が原発に代わる雇用の受け皿になる効果は限定的であり、前もって代替産業の創出に取り組む必要性が指摘されている。

海外の立地地域では廃炉開始後数年のうちに、周辺地域の防災策が削減される事例がある。地域になじみのない企業が廃炉事業に参入し、安全性をめぐって住民と対立するケースもある。

現状では廃炉の影響が実感できないからといって、廃炉が引き起こす社会問題への議論を先送りしてはいけない。次章以降に紹介する海外の廃炉地域のなかには、十分な対策を準備しないまま「廃炉時代」を迎えたことで、予期せぬ変化に直面した事例が多い。地域住民の側からも先手を打って問題提起をし、自治体や事業者、国の機関を巻き込んだ対策作りを進めていくことが求められる。

（４）原発の長期停止を経験済みであること

特に日本では「廃炉決定」による変化を住民が実感しにくい事情がある。２０１１年福島第一原発事故後、日本では一時すべての原子力発電所が稼働停止した。その後、新安全基準適合審査を受けて再稼働に至った原発は２０２１年１月時点で９基（定期点検により停止中も含む）にとどまる。

再稼働を断念した原発が廃炉決定となった場合、「もともと停止していた原発」がそのまま閉鎖されるにすぎない。立地地域の住民にとっては「原発が電気を生み出さない」という状況は同じである。「廃炉決定」によってそれまでの「停止状態」と何が大きく変わるのか、わかりにくい。「原発停止中でもメンテナンスや点検の仕事はあり、地域経済は回っている。このまま止まっているとしても何が変わるのかわからない」。これはある原発立地自治体の関係者が筆者に語った言葉である。現在停止中の原発立地地域で同様の感想を持つ住民も少なくないと想像する。

しかし「（再稼働の可能性がある）停止中原発」と「廃炉決定原発」では位置づけがまったく異なる。たとえば廃炉決定後の原発では、稼働を前提とした保守・点検のサービス需要がなくなる。その原発は生産施設としての資産価値も失う。発電所の経済的・法的な位置づけが変わることによって、立地地域の雇用も税収も大きな影響を受けるのだ。

「全原発停止」を経験した私たちも、まだ本格的な「廃炉」時代の社会問題は体験していない。これら廃炉時代の問題を、まさにいま経験している海外の事例から学び、先を見据えた対策作りを求めていく必要がある。

2.〈住民参加〉と〈国の関与〉のあり方

廃炉プロセスで立地地域に起こる社会問題は多方面にわたり、原発の規模や地域の特徴によっても大きく異なる。一般的には、税収や雇用の面で立地自治体が原発事業者に依存していた度合いが高いほど、廃炉決定後に地域が受ける影響は大きくなる。

冒頭で紹介した、国際原子力機関（ＩＡＥＡ）や米国の研究機関の調査で挙げられた問題は、世界の廃炉原発立地地域で実際に生じているものだ。これらはすべて、一般住民の生活に影響を与える社会問題である。

国によって原子力事業者や廃炉をめぐる制度が異なるため、日本の原発立地地域でまったく同じ問題がまったく同じように生じると断言することはできない。しかしこれらの問題は、制度や文化の異なる複数の国の廃炉地域で、共通して見られる。そして世界の廃炉先行地域では、問題に対処するために新しい政策を生み出す取り組みもなされてきたのである。

廃炉時代を迎えた日本で私たちに今できるのは、「廃炉が地域社会に与える影響」について世界の先例を知ることである。これらの先例を参考にすることで、日本の原発立地地域で今後起こりうる問題について、前もって議論を始めることができる。

廃炉地域が直面する社会問題への対策を探る上で、本書では二つの視点を重視したい。

一つ目は、廃炉をめぐる問題についての議論や政策決定に、住民がどのように参加できるか、という視点。

原発廃炉は地域住民の生活活動に直接・間接的に大きな影響を与える。しかし廃炉工程は専門的であり、事業者や政府機関が起こりうる問題について十分な情報を公開するとは限らない。廃炉が地域に与える影響について、住民が正確な情報を把握した上で議論に参加するためには、何が必要なのか。海外の廃炉地域で行われてきた住民参加や情報公開の取り組みに注目したい。

二つ目は、廃炉が引き起こす地域社会の問題の解決に向けて、「国」がどのように責任を負い、関与しているのか、という視点である。

原発廃炉は立地地域に大きな影響を与える地域社会問題であると同時に、「国策で進められてきた」原子力政策の後始末という性格を持つ。廃炉地域の社会問題の中には税制や核燃料の扱いなど、立地自治体の努力だけでは解決できない問題もある。廃炉が立地地域に与える影響に対処するためには、全国レベルの法整備や政府機関の関与を求める必要もある。実際に世界の廃炉地域では、地域選出議員が新法をつくる取り組みや、国営企業が関与して新たな産業作りを進めるなどの動きが見られる。

廃炉地域に求められる「住民参加の保証」と「国の責任・関与」とはどのようなものか。

この二つの視点をもちつつ、次章から世界の廃炉原発立地地域の事例を探ってみたい。

1 IAEA(2008) "Managing the Socioeconomic Impact of the Decommissioning of Nuclear Facilities"、Kayastha, Binam et al. (2016) "Analyzing the Socioeconomic Impacts of Nuclear Power Plant Closures" 他参照。

2 THE NUCLEAR DECOMMISSIONING COLLABORATIVE, INC. (2020) "Socioeconomic Impacts from Nuclear Power Plant Closure and Decommissioning" p. 19.

コラム1

原発廃炉のプロセスとは

原子力発電所の「廃炉」とは、どんなプロセスなのだろうか。「原発廃炉」(正式には原子力施設廃止措置)と聞くと専門的な工程がイメージされ、とっつきにくいかも知れない。

「廃炉」は、基本的には大規模産業施設の解体事業である。ただ、核燃料や様々なレベルの放射性廃棄物を扱うため、特殊なリスクを伴う工程となる。一つの原子力発電所の廃炉に数十年の期間をかける計画が多い。この長期に及ぶ「解体事業」中、周辺地域にどんな影響があるのか。

六つのステップと各段階の問題

資源エネルギー庁の資料を見ると、原発廃炉は次の①~⑥のステップに分けられている。[1]

①原子力規制委員会へ「廃止措置計画」を提出し認可を受ける
②発電に使用された「使用済燃料」の搬出
③汚染状況の調査と除染

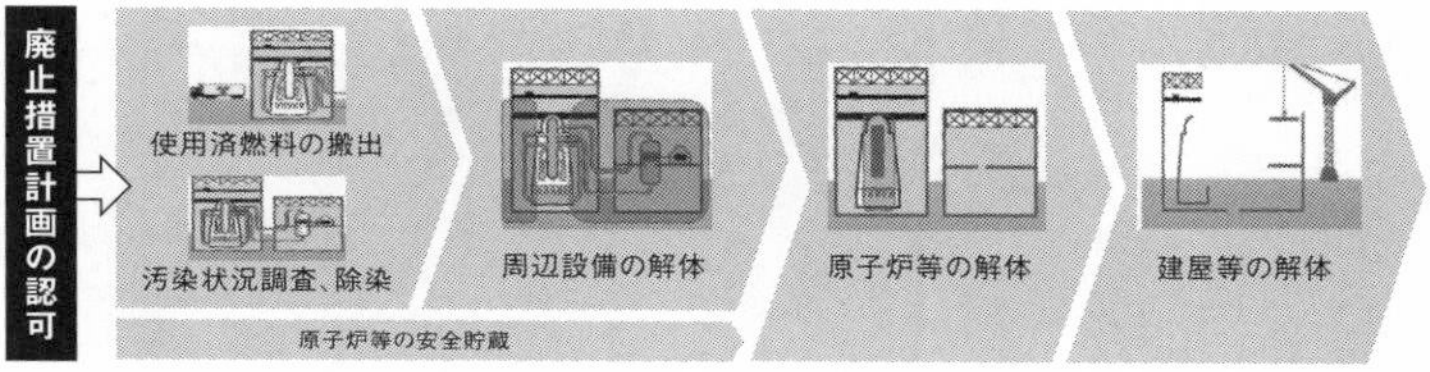

図2：廃炉の主な手順

出所：資源エネルギー庁資料をもとに作成

④周辺設備の解体
⑤原子炉などの解体
⑥建屋などの解体

まず廃炉作業を開始する前に、事業者は「廃炉計画（廃止措置計画）」を国の原子力規制委員会に提出し、認可を受ける必要がある（①）。規制委員会は事業者が安全上の規則を守っているかをチェックするが、廃炉による地域社会への影響を考慮するわけではない。事業者には廃炉計画を地域住民に事前報告する法的義務はなく、立地自治体が廃炉計画を審査する権限もない。そのため「廃炉完了までに何年かかるか」「使用済燃料はどうやって保管するのか」といった地域の将来に影響を与える問題についても、地域住民抜きに決められる可能性がある。本来は、廃炉計画の審査段階から地域住民が議論に参加できることが望ましい。

原発施設解体の前には「使用済燃料の搬出」が行われる（②）。しかし「搬出」と言っても、このタイミングで「立地自治体の外に」搬出

原子炉から抜き出した使用済燃料を冷却保管する燃料プール（米国カリフォルニア州サンオノフレ原発）［NRC File Photo］

されるとは限らない。

世界の例を見ると、原子炉から抜き出された使用済燃料が原発敷地内に長期間残されることもある。通常、廃炉決定した原発では、原子炉から抜き出された使用済燃料はまず敷地内の燃料プールで冷却貯蔵される。このプールでの保管が長期間続くこともある。冷却済みの燃料をプールから敷地内の「乾式貯蔵施設」に移し、数十年の安全管理を行うケースも増えている。

そのため、原発立地地域がすぐに使用済燃料から解放されるわけではない。敷地での使用済燃料保管が続く限り、周辺地域にとって燃料損傷などの災害リスクは残る。燃料貯蔵施設の安全性をチェックするとともに、周辺地域は事故が起こった場合の防災上の施策も続けなければならない。

施設解体のプロセス（③～⑥）では、周辺地域への環境汚染対策が必要になる。日本のように原発が海岸に立地し、台風・豪雨の頻発する地域では、周辺水域への影響も懸念される。廃炉で生じる放射性廃棄物の扱いについても、その保管や移送方法について、十分な情報公開を求めていく必要がある。

二つの廃炉方式――「すぐ」か「待つ」か

実際の廃炉プロセスでは、「①が終われば②」、「②の次は③へ」と間を置かず次の工程に進むとは限らない。

原子炉から使用済燃料を抜き出した後に、大きく分けて(1)「すぐに施設解体に着手する」か、(2)「放射能が弱まるまで待ってから解体する」か、の二つの選択肢がある。

(1)は「即時解体」と呼ばれる。この「即時解体」方式のメリットは、原発閉鎖後間を置かずに解体工事を始めるため、原発従業員を廃炉現場で雇用するチャンスが増える、廃炉期間を短縮できる、などが挙げられる。

(2)は「遅延解体」と呼ばれる。「遅延解体」方式のメリットは、原子炉など放射線リスクの高い施設の解体を先延ばしすることで、廃炉作業員の被ばくリスクを下げる、除染の手間やコストを縮小できる、などが挙げられる。この方式では、使用済燃料の抜き出し保管後、解体工事開始までに十数年から数十年の期間を設けることが多い。この場合、解体工事向けの雇用が生まれるまでに大きなタイムラグが生じる。解体工事開始までに当該原発に詳しい人材が皆引退し、知見の継承が困難になる、というデメリットも指摘されている。

遠隔解体技術の開発や廃炉工程短縮を進める廃炉専業企業の登場を背景に、世界では「即時解体」方式を採用する事例が増えている。本書で紹介する米国ピルグリム原発のように、当初の「遅延解体」計画を変更して「即時解体」に切り替える例もある。

しかしすべての場合において「即時解体」が望ましいとは限らない。汚染レベルの高い施設をすぐに解体するのではなく「放射能の減衰を待つことでリスクを低減する」という考え方が有効な場合もあるだろう。2019年時点で廃炉中とされる米国の原子炉（実験炉含む）23基の内、半数を超える12基が「遅延解体」である。現在も「遅延解体」を採用する原発が多いことは、考慮しなければいけない事実だ。

1　資源エネルギー庁（2019年3月15日）「原子力発電所の「廃炉」、決まったらどんなことをするの？」

コラム2　「廃炉完了」とはどんな状態？

原発の廃炉には「30〜40年かかる」と言われることが多い。この長期の廃炉工程を経て「30〜40年」後、その原発はどうなっているのだろうか。別の言い方をすれば、原子力発電所の「廃炉完了」というのはどういう状態を指すのだろうか。

「廃炉」＝「大規模産業施設の解体事業」を文字通りにとらえれば、「廃炉完了」とは、施設がすべて解体され、使用済燃料や放射性廃棄物もすべて撤去された状態を指すように思える。この場合、原発跡地は「更地」となり、新しく工場を建てるなど別用途に再利用することが可能になるはずだ。「廃炉完了」と聞けば、一般的にはこのような「更地化」がイメージされるのではないか。

しかし実際には、「廃炉完了」時に原発跡地が完全にクリーンな「更地」になっているとは限らない。国際原子力機関（IAEA）の安全ガイド[1]では、次のように「原発廃炉（廃止措置）」を定義している。

廃止措置とは、原子力施設に対する規制上の管理の一部または全部を解除するための行政的、技術的な活動である。（中略）この廃止措置の活動には、放射性物質、廃棄物、機器・構造物の除染、解体、撤去が含まれる。

廃炉が「廃棄物や機器・構造物の除染、解体、撤去を含む活動」であることは特に説明の必要もないだろう。では、ここでいう「原子力施設に対する規制を解除する」とはどういうことだろうか。そして、廃炉が「行政的活動」と呼ばれるのはなぜだろうか。

原発敷地内には「放射線管理区域」など、特別な規制がかけられたエリアや施設がある。それら区域では、防護服の着用や出入りの際のチェックなど、特別な規則を守らなければならない。機器・構造物や廃棄物を取り除き「廃炉（廃止措置）が完了」すれば、このような規制が不要になる。管理区域の設定も必要ない。これが「規制が解除された」状態である。

つまり廃炉完了した原発跡地は、敷地外の普通の地域と同様の扱いができることになる。それならば、一般にイメージする「更地化」と大きな違いはないように思える。このような原発敷地「全体」に対する規制解除を「緑地（グリーンフィールド）化」と呼ぶこともある。

しかしIAEAの安全ガイドが「規制の一部または全部を解除」と条件をつけていることに注意が必要だ。この定義に従えば「原発敷地全部」を更地化しなくても、その一部に対する規制を解除することで「廃炉完了」と認められることになる。

冷却後の使用済燃料を空冷管理する「乾式貯蔵設備」（米国ミシガン州ビッグロックポイント原発）
［NRC File Photo］

実際に、米国原子力規制委員会（NRC）はこの「部分」廃炉を認めている。原発跡地に「使用済燃料貯蔵施設」を残したまま「廃炉完了」の認定を出している事例もある[2]（ケーススタディー　メインヤンキー原発）。この場合、原発敷地全体が更地化されるのではない。原発跡地の一部には使用済燃料貯蔵施設が残り、この施設のある区域に対しては規制が続けられる。使用済燃料貯蔵施設が残るため、原発跡地の再開発に制約がかかることもある（ケーススタディ2　ザイオン原発）。

では、日本では「廃炉完了」の要件をどう定めているのだろうか。米国のように使用済燃料を敷地に残したまま「廃炉完了」を認めることもあるのだろうか。

国の原子力規制員会は、「廃炉終了」を認定する条件を大まかに定めている。これによれば、廃炉終了の条件は、「核燃料物質の譲渡し完了」「土壌及び残存施設が放射線による障害の防止措置を必要としない状況」などである。[3]

しかし、「核燃料物質の譲渡し」が立地自治体の外への使用済燃料搬出を約束するとは限らない。「放射線による障害の防止措置を必要としない」とはどのような状態なのか、どの程度まで汚染除去を求めるのか、もあいまいである。

原子力規制員会が「ここまでやれば廃炉終了」と認める要件と、立地地域の住民が「ここまではやってほしい」と期待するイメージが一致するとは限らない。日本ではどのような状態を「廃炉完了」とするのか。その答えは、廃炉が進められる中で、これから10年、20年のうちに作られることになる。原発立地自治体はもちろん、日本社会全体の将来に関わる問題として、関心を持ち注視していく必要がある。

---

1 IAEA (1999) "Decommissioning of Nuclear Power Plants and Research Reactors", IAEA Safety Standards Series No. WS-G-2.1 p. 3

2 NRCの規則Title 10 of the Code of Federal Regulations, Section 50.2は、原発廃炉の結果として原発施設・敷地の「無条件利用に向けた解放」(Release of the property for unrestricted use) または「制限つきの解放」(Release of the property under restricted conditions) を認めている。後者の場合敷地全体が更地化、解放されるわけではない。

3　「実用発電用原子炉の設置、運転等に関する規則」（令和二年原子力規制委員会規則第三号による改正）百二十一条では廃止措置終了確認の基準として以下を示している。

1　「核燃料物質の譲渡し完了」

2　「土壌及び残存施設が放射線による障害の防止の措置を必要としない状況にあること」

3　「核燃料物質又は核燃料物質によって汚染された物の廃棄の終了」

4　「放射線管理記録の指定機関への引渡し完了」

第1部

世界の廃炉地域で何が起きたか

日本の廃炉決定（永久閉鎖）原子炉数は24基で、これは世界で第4位にあたる（序章図1）。廃炉が決定した原子炉の数と規模から見て、日本はすでに「大量廃炉時代」を迎えたと言ってよい。

しかし、日本の廃炉時代は「始まったばかり」である。２０２０年末時点で、敷地内の原子炉すべての廃炉が決定している商用原発は福島第二原発（２０１９年７月廃炉決定）と東海発電所（茨城県、１９９８年閉鎖）のみである。[1] 原発が全基閉鎖することの影響、「廃炉完了」までの工程、その全体を経験した立地自治体は、日本にまだ存在しない。序章でも触れたように、この廃炉時代の「歴史の浅さ」「先例の不在」が要因の一つとなり、日本では「廃炉時代の地域課題」についての住民主体の議論は進んでいない。

他方、米国、ドイツ、英国などには20年以上の原発廃炉の歴史がある。たとえば米国で比較的規模の大きい商用原発の廃炉が相次いで決まったのは１９９０年代である。メインヤンキー原発（１９９７年閉鎖、ケーススタディ１）やザイオン原発（１９９８年閉鎖、ケーススタディ２）から20年以上が経過し、各地で廃炉原発立地地域特有の課題が明らかになっている。ドイツではグライフスヴァルト原発が閉鎖決定したのは１９９０年で、そこから30年近い「廃炉時代」の経験がある（ケーススタディ５）。英国でも廃炉と立地地域経済再生に取り組む国家機関の設立（２００４年）から、15年以上が経過している（コラム６）。

これら日本より先に「廃炉時代」を経験した海外の事例から、廃炉にともなって立地地域が直面する社会的課題を明らかにしたい。「廃炉先行国」の20年以上の歴史を手がかりにして、5年後、10年後、20年後の日本で起こりうる問題を先取りすることがねらいである。

1　なお、事故の起きた福島第一原子力発電所は、法的に異なる扱いがなされる「特定原子力施設」であり、立地自治体の問題含め、他の廃炉決定原発の場合と分けて考える必要がある。

第1章　アメリカの廃炉地域

ケーススタディ1　使用済燃料を押し付けられる「廃炉後」の町
メイン州ウィスカセット町

（1）町予算の9割が原発から

ウィスカセット町は、アメリカ合衆国東海岸メイン州リンカーン郡の中部沿岸地域に位置する人口約3700人（2010年国勢調査）の町である。

1760年に港町として建設され、19世紀にはボストン東側の主要港として栄えた。後に海洋貿易が衰退すると、町は観光業や地域内向けサービス業のほかには大規模な産業を持たない時代が続いた。

1968年にメインヤンキー原子力発電所の建設が開始されて以降、ウィスカセット町はメインヤンキー原発のホストタウンとして知られるようになる。1972年に稼働を開始したメインヤンキー原発は、最盛期にはウィスカセット町予算の90％に当たる額を納税し、同時に地域住民600人以上を雇う一大雇用主であった。メインヤンキー原発稼働中、ウィスカセット

表1：メインヤンキー原発の基本情報

名称	メインヤンキー原子力発電所
立地地域	アメリカ合衆国メイン州リンカーン郡ウィスカセット町
事業者	MAINE YANKEE ATOMIC POWER CO.
原子炉型	加圧水型
発電容量	900MW
稼動開始	1972年
閉鎖	1997年
廃炉プロセス	発電所施設・原子炉解体済み 2005年原子力規制委員会により廃炉完了認定
使用済燃料	新たに建設された乾式貯蔵施設で保管中

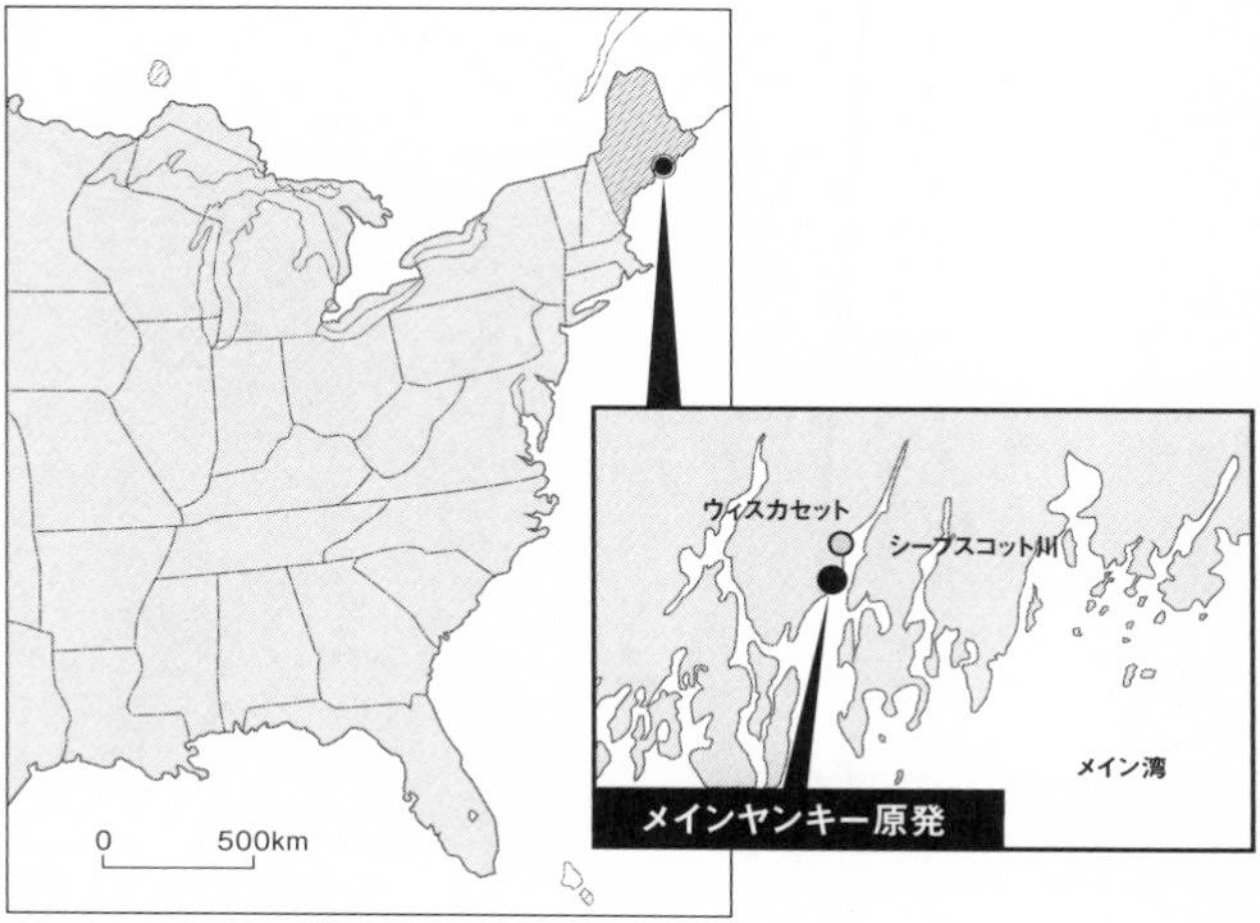

図3：ウィスカセット町とメインヤンキー原発の位置

町の住民に対する固定資産税は他の地域に比べて低く設定されていた。また、ウィスカセット町はその税収によって、上下水道や医療インフラを整備することもできた。同町の学校教育システムはリンカーン郡で最高レベルと評価され、町の外から生徒を呼び込むために授業料補助も実施していた。

メインヤンキー原発の運転事業者（MYAPCo）はメイン州、ニューハンプシャー州、バーモント州、マサチューセッツ州等の地域を代表する電力事業者10社により、１９６６年に設立された。発電量が一番多かった１９８０年代末には、メインヤンキー原発だけでメイン州の電力需要の４分の１にあたる量を供給していた。

１９９０年以降、メインヤンキー原発では設備故障が相次ぎ、１９９５年には蒸気発生器用電熱管の漏れが原因で１年間に及ぶ長期稼働停止を余儀なくされた。１９９６年にもトラブルによる稼働停止が続き、１９９７年に運転事業者はメインヤンキー原発の廃炉を決定した。

（2）急激な税収減、事業者との法的闘争

メインヤンキー原発の閉鎖により、立地地域であるウィスカセット町は直接的・間接的に様々な影響を受けた。

数字として示すことのできる最も直接的な影響は、メインヤンキー原発からの税収の減少で

**表2：メインヤンキー原発から
ウィスカセット町への納税額**

年	納税額（ドル）
1996	12,800,000
1997（閉鎖決定）	10,000,000
1998	5,797,719
1999	3,600,000
2000	2,500,000
2001	1,600,000

出所：Haller, M.（2014）“THE SOCIOECONOMIC EFFECTS OF DECOMMISSIONING ON LOCALCOMMUNITIES: A MEDIA FRAMING ANALYSIS OF THE EXPERIENCE OF WISCASSET, MAINE” Middle States Geographer, 47. pp.48-59.をもとに作成

ある。稼働中の１９９６年にウィスカセット町がメインヤンキー原発から得た税収が１２８０万ドルであったのに対し、廃炉決定の翌年１９９８年には半分以下の約５８０万ドルとなっている（表２）。

２０００年代前半にはメインヤンキー原発からの税収減が、公共サービスの縮小、学校予算の削減につながった。住民にとって特に大きな負担となったのが、低く設定されていた固定資産税（財産税）の引き上げであった。原発閉鎖から約15年後にあたる２０１３年の記事（２０１３年９月17日付『ボストン・グローブ』）は「１９９６年当時50エーカーに対して年間２８９ドルであった固定資産税が、今では48エーカーに対して年間５０００ドルになってしまった」と嘆く住民のコメントを伝えている。

もう一つの直接的影響は、メインヤンキー原発の従業員数の減少である。メインヤンキー原発閉鎖時点（１９９７年）で、４８０人のフルタイム従業員が雇用されていた。廃炉プロジェクトの開始直後の時点（１９９８年時点）で従業員数は１６６人にまで減っている。これに際して原発の運転事業者は、元従業員の再就職を目的としたプログラムや転職イベントを開催した。

転職希望者向けイベントは78回開催され、個別の相談会は数百回開かれている。新たな仕事を見つけた元従業員のうち、約6割はウィスカセット町を去ったと言われる（1998年7月12日付『ニューヨーク・タイムズ』）。

税収減に直面したウィスカセット町と運転事業者の間では、納税額をめぐる法的闘争が2005年まで続いた。その結果、2003～22年の20年間、事業者は町に対し、固定資産税と原発閉鎖影響緩和のための支援金合計1980万ドルを分割で支払うことで決着した。

(3)「廃炉完了」でも地域に残る使用済燃料

メインヤンキー原発では1997年の完全閉鎖後、1998年から2005年にかけて廃炉プロジェクトが実施された。

2005年にはすでに「廃炉完了」（敷地の汚染レベルが規制基準以下に低減し別用途に使用可能）と認められている。しかし2020年現在も、ウィスカセット町は64体のキャニスター（保管容器）に542トンの使用済燃料を保管している。ウィスカセット町から見れば、「メインヤンキー」はすでに15年以上前から電気も税収も生み出さない「跡地」でしかない。廃炉関連工事もすでに終了したため、廃炉ビジネスによる経済効果もない。

「20年以上もの間、ウィスカセット町の住民は使用済燃料を押し付けられてきました。メイン

廃炉作業中のメインヤンキー原発（2004年）［Getty Images］

ヤンキー原発から搬出する方向性を政府が示さなかったためです」と、上院でエネルギー・天然資源委員を務めるアンガス・キング議員は自身のサイトで述べている。

米国では本来、閉鎖した原発の使用済燃料は、エネルギー省が定めるサイトで引き取る決まりとなっている。しかしネバダ州に建設が予定されていたユッカマウンテン高レベル放射性廃棄物最終処分場は建設の許可が得られていない（コラム3）。ウィスカセット町のように「搬出先」のないまま、廃炉中、さらには廃炉後も使用済燃料を抱える自治体が増えている。

２０１９年時点で、米国全土の民間施設72か所に約８万立方メートルの使用済燃料が保管されている。そのうち17か所はすでに閉鎖された発電所内の貯蔵施設で、さらに内７か所は解体済み原発敷地内の貯蔵施設である（２０１９年６月14日付『ロサンゼルス・タイムズ』）。これら閉鎖原発の敷地が事実上の中間貯蔵施設となっているのだ。

発電事業による収益もない閉鎖済み原発での使用済燃料管理は、高コストとならざるをえない。専門従業員や設備を備えた稼働中原発での使用済燃料保管に比べて、閉鎖された原発での使用済燃料の保管はよりコストがかかる。ウィスカセット町の貯蔵施設の維持管理には年間１０００万ドルのコストがかかっている。

メインヤンキー原発は、相次ぐ設備トラブルにより１９９７年に閉鎖した。この時点でウィスカセット町では、原発閉鎖がもたらす社会的・経済的な影響を緩和するための対策は準備されていなかった。税収や雇用面で原発依存度の高い立地自治体が「事前の備え」なく原発閉鎖を迎えれば、短期間で急激な影響を受ける。ウィスカセット町の経験は、このことを如実に示している。

「事前の備え」のないまま原発閉鎖を迎えたウィスカセット町は、納税額や支援金をめぐって事業者と争わなければならなかった。本来であれば、ウィスカセットのような原発立地自治体のために、メインヤンキー原発からの電力供給を受けてきた立地州（メイン州）や連邦政府が関与して、原発閉鎖の急激な影響に対する「緩和策」や「移行期措置」を前もって準備する必要があるだろう。

加えてメインヤンキー原発廃炉の事例が示すのは、制度上の「廃炉完了」は必ずしも「使用済燃料の地域外への搬出」を意味しないということだ。米国原子力規制委員会（ＮＲＣ）は原発跡地に使用済燃料貯蔵施設を残したまま、２００５年に「廃炉完了」を認めた。廃炉完了後も15年以上「使用済燃料」が町に残ることを想定していた住民は少ないだろう。「使用済燃料の搬出」を、国や事業者にどう保証させるのか。搬出できない間「使用済燃料を保管する」立地地域の負担をどう補償させるのか。ウィスカセット町の負の教訓をうけて、米国ではようやくこの問題に対処する制度づくりの議論が始まっている（次項「座礁《ざしょう》原発法案」）。

他の立地自治体より先に「廃炉時代」に突入したウィスカセット町の経験は、「原発閉鎖前から」「廃炉開始前から」と、先を見越した制度作りの必要性を示している。

〈廃炉地域を守る制度の知恵〉

「座礁原発法」案――原発閉鎖後も使用済燃料を保管する自治体を救済する

2019年6月26日、メイン州選出のスーザン・コリンズ上院議員が提案者の一人となり、原発閉鎖後の立地自治体を救済するための新法案が出された。この法案の主旨は、原発が閉鎖した後も敷地内に使用済燃料を保管し続ける自治体に対して、国が燃料保管リスクに応じた経済発展基金を作り、支援することである。

この法案は「座礁原発法（STRANDED Act）」と呼ばれ、米国各地の閉鎖原発立地地域が対象になる。法案の主提出者は民主党イリノイ州選出ダックワース上院議員である。イリノイ州には、やはり使用済燃料貯蔵施設を残したまま「廃炉完了」が近づくザイオン原発がある（ケーススタディ2）。使用済燃料の保管リスクを負う立地地域を代表する議員達が、超党派で提案したのが、この法案なのだ。

「使用済燃料を保管し続けている自治体は、燃料保管に係る直接的・間接的なコストを不公平に負っています」とコリンズ議員は自身のサイトで指摘する。

「座礁原発法」案に従えば、国のエネルギー省はこれら自治体のために経済発展プロジェクトを推進する義務を負い、社会経済発展のためのタスクフォースが設立される。使用済燃料保管コストに対する補償として、使用済燃料1kg当たり15ドルのレートで経済影響緩和基金が作られる。

「（座礁原発法は）ウィスカセット町を含む立地自治体にとって、経済発展と雇用創出の助けとなるでしょう」と法案提出者のコリンズ議員は言う。

原発閉鎖後20年以上も使用済燃料を押し付けられてきたウィスカセット町にとっては「遅すぎる救済策」ではあるだろう。しかし米国全土の現在廃炉中あるいは今後廃炉を迎える原発立地自治体にとっては、先手を打った救済策となりうる。

廃炉後のトロージャン原発（オレゴン州）に残る使用済燃料貯蔵施設［Portland General Electric Co.］

他方、この「座礁原発法案」は、あくまで移行期の措置として位置づけられていることも指摘しておきたい。「この新法案は、使用済燃料貯蔵により悪影響を受ける自治体を支援する移行期の措置にすぎません。政府は法に基づいて使用済燃料の最終処分政策を進めなければなりません」とコリンズ議員は強調している。

ウィスカセット町の状況は、日本の原発立地市町村にとっても他人事ではない。日本でも閉鎖後、さらには解体工事後も、原発敷地内で「使用済燃料保管」を求められる可能性がある。原発敷地内の「乾式貯蔵施設（プールで冷却済みの使用済燃料を空冷保管する施設）」が実質上、長期保管施設になってしまうという状況は、日本でも現実となりつつある。浜岡、伊方等、各地の原発が敷地内での使用済燃料の貯蔵容量を拡大する申請を出しており、廃炉が決定した福島第二原発でも敷地内乾式貯蔵が検討されている。

資源エネルギー庁は、敷地内乾式貯蔵について「あくまで一時的なものであり、使用済燃料が永遠にサイト内に貯蔵されるわけではありません」と述べている。しかし廃炉原発立地自治体にとって切実なのは、「永遠」でないとして「どのくらいの期間」になるのか、ということである。「廃炉先進国」である米国ですら、メインヤンキーのように20年以上搬出先が決まらないという状況があるのだ。日本でも政府の責任を明確にし、「あくまで移行期措置」と位置づけた上で、先手を打って「座礁原発法案」同様の救済策を準備する必要がある。

コラム3　使用済燃料の保管が長期化する理由

日本と異なり米国は、原子力発電所で生じる使用済燃料の再処理・リサイクル政策を推進していない。米国では使用済燃料は放射性廃棄物と位置づけられている。そのため、各地の原発で生じた使用済燃料を受け入れる最終処分場の選定が歴代政権の課題となってきた。

レーガン政権時代に「1982年放射性廃棄物政策法」が制定され、放射性廃棄物と使用済み核燃料の最終処分場を建設することが定められた。これによると1983〜87年にかけて複数の処分場サイトを政府が選定することとされていた。1987年に同法は改正され、この改正法に定められた手続きを経て、ネバダ州ユッカマウンテンに候補地が絞られることになる。

2002年、連邦議会はユッカマウンテンを高レベル放射性廃棄物等の最終処分場用地とする合同承認決議を可決し、ジョージ・W・ブッシュ大統領が署名してこの決議が発効した。

決議を受けて米国エネルギー省は、原子力規制員会（NRC）にユッカマウンテン最終処分場の認可申請を行うこととなった。しかし選定プロセスの当初から反対してきた地元ネバダ州は、最終処分場指定を憲法違反として訴えを起こした。これによりエネルギー省の認可申請手続きは遅

最終処分場候補地とされたユッカマウンテン（ネバダ州）［Getty Images］

れることになる。

２００９年１月にオバマ政権が発足すると、ユッカマウンテン最終処分場計画は実質上ストップする。２００９年３月にスティーヴン・チュー・エネルギー長官はユッカマウンテン最終処分場の建設計画凍結を公表した。その後オバマ政権下でユッカマウンテン計画を進めるための予算が認められることはなかった。

２０１７年以降はトランプ政権下で方針が変わり、ユッカマウンテン最終処分場プロジェクトの認可に向けた予算申請が再開した。しかしやはり地元ネバダ州からの強い反対を受け、処分場建設計画が進む見通しは立っていない。

国による最終処分場認可プロセスが進まないため、廃炉を迎えた各地の原発は「使用済燃料の搬出先がない」という状況に直面している。

メイン州ウィスカセット町（ケーススタディー）のように、「廃炉完了」後も使用済燃料貯蔵施設が残されるケースは増えている。

他方で、放射性廃棄物政策法に従えば、米国エネルギー省が処分場の認可手続きを進め、使用済燃料の受け入れ先を確保する義務を負っている。各地の原発敷地が「実質上の長期保管サイト」となっている現状に対して、原発立地州からエネルギー省に義務履行を求める動きもある。たとえば2017年にテキサス州は、エネルギー省がユッカマウンテン処分場認可手続きを進めていない状態を「違法」として訴えを起こしている。

米国では、これからも多くの廃炉原発立地地域が使用済燃料の保管を続けることになる。実質上の「長期保管施設」を抱える立地自治体の負担をどのように軽減、補償するのか。そしてこの長期保管施設の安全性をどう保証するのか。公正な負担ルールと安全上の責任を定める立法措置が求められる。

ケーススタディ2　住民不在で「完了」へ突き進む イリノイ州ザイオン市

（1）町の税収の半分を原発に依存

イリノイ州北部レイク郡ザイオン市は人口約2万4400人（2010年国勢調査）の町である。ザイオン市はシカゴから約80km北、ミシガン湖畔に位置する。

ザイオン市は、1901年にキリスト教系宗教共同体の拠点として形成された居住地で、20世紀後半まで大規模な産業は育たなかった。1950年代初頭にそれまで町の主要企業であった機械レース工場が閉鎖され、ザイオン市は長らく雇用難の問題を抱えていた。80年代にはもう一つの主要企業であったザイオンキャンディ工場も閉鎖されている。

このように産業発展の遅れていたザイオン市にとって、ザイオン原発は町発展の契機となった。1960年代末に電力事業者がミシガン湖畔の未使用地を取得し、原子力発電所の建設がはじまる。1973年にはザイオン原発1号機が、翌74年には同原発2号機が発電を開始した。

原発建設以前の1960年に1万1941人であったザイオン市の人口は、1990年には1万9775人に増加している。[1] ザイオン原発は同市で最大の雇用主となり、ピーク時には1200人の従業員が同原発で働いていた。

表3：ザイオン原発の基本情報

名称	ザイオン原子力発電所
立地地域	アメリカ合衆国イリノイ州レイク郡ザイオン市
事業者	発電事業者Commonwealth Edisonから、廃炉決定後Energy Solutionsにライセンス移譲。廃炉事業はEnergy Solutionsの子会社Zion Solutionsが担当
原子炉型	加圧水型
発電容量	1号機1,040MW 2号機1,040MW
稼働開始	1973年
閉鎖	1998年
廃炉プロセス	使用済燃料貯蔵施設を除き解体・撤去済み（2020年時点）
使用済燃料	敷地内に建設された乾式貯蔵施設に移送済み（2015時点）

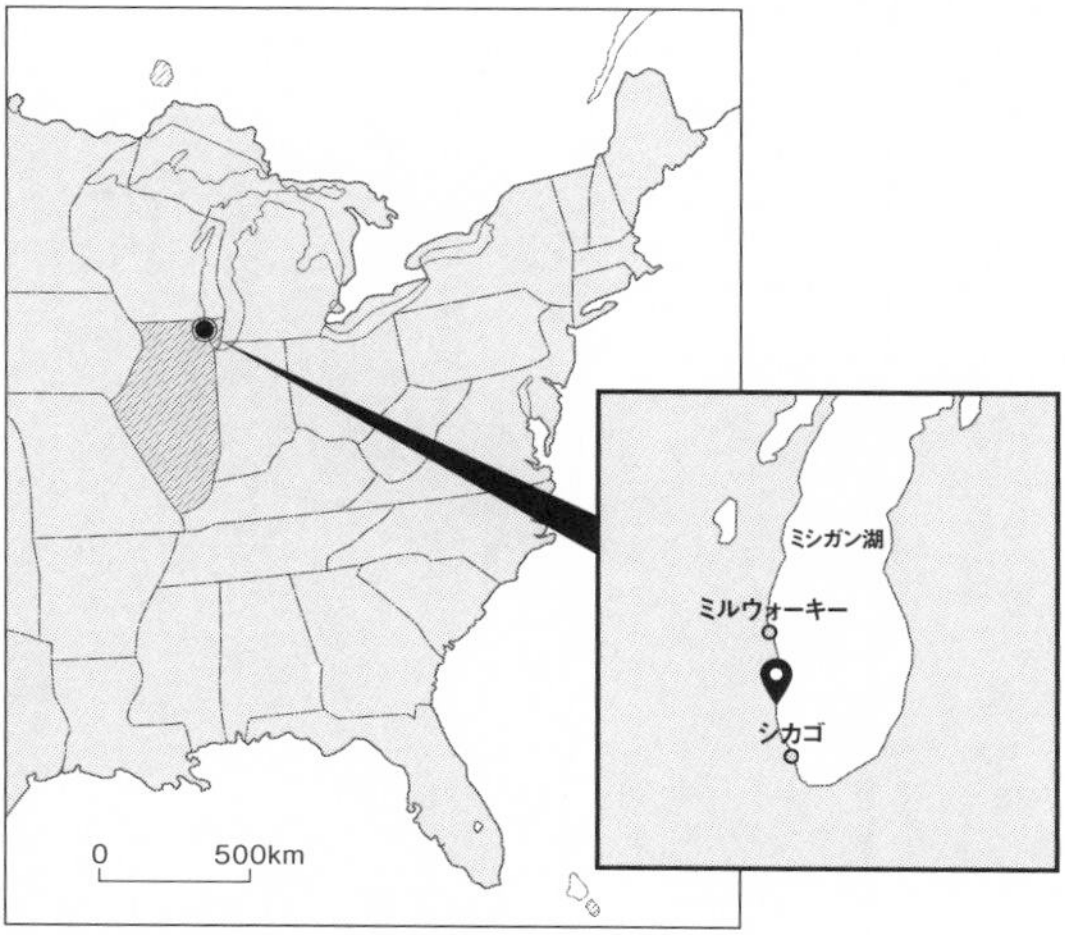

図4：イリノイ州ザイオン市の位置

ザイオン原発はザイオン市にとって、最大の納税者でもあった。ザイオン原発1、2号機からの固定資産税（財産税）収は年間約1900万ドルで、これは当時市の税収の約半分を占めていた。「町は何百万ドルもの税収を得て、住民のためのインフラ整備に活用できた。住民の税率は低く抑えられ、ザイオン原発では高所得の雇用が多く生み出された」と地方紙の記事は原発閉鎖前の状況を振り返っている（2017年10月11日付『シカゴ・トリビューン』）。

しかし1998年に、運転事業者は期限より10年以上早くザイオン原発1、2号機の閉鎖を決定した。1、2号機ともに運転規則違反や安全上の問題が指摘されていた。1号機は1997年2月に停止しており、2号機もその前年96年9月から止まっていた。再稼働のためには蒸気発生機の交換を含む本格的な改修が必要であった。その一方で当時イリノイ州では、電力小売市場の自由化が進められていた。再稼働のためにコストをかけた改修をしても、市場競争で電気料金が下がれば収益は見込めない。

「ザイオン原発閉鎖決定は、経済上の判断に基づくものです。この原発を期限まで稼働させても、自由化された電力市場で競争力のある価格で電力供給はできないという結論に至りました」と運転事業者のオコナーCEO（当時）は述べている（1998年1月15日付『シカゴ・トリビューン』）。

ザイオン原発の運転期間は2013年までと設定されていた。同原発はそれよりも約15年早く閉鎖されたことになる。

閉鎖されたザイオン原発（2009年）［Getty Images］

（2）住民の税負担が増大

ザイオン原発閉鎖決定時点（1998年）で、同原発では約800人が雇用されていた。閉鎖決定後の2年間は完全閉鎖に向けた「移行期間」とされ、その「移行期間」に原発に残る従業員数は200人以下であった。短期間で600人以上が原発での仕事を失ったことになる。

2010年に廃炉事業がスタートした後も、同原発で雇用される従業者数は平均して年間約200人にとどまる（廃炉事業者資料）。この事例からも、廃炉事業が原発に代わる雇用の受け皿とはならないことがわかる。

ザイオン市関係者が原発閉鎖の最大の影響と指摘するのは、原発からの固定資産税（財産税）の大幅減少である。稼働中のザイオン原発1、2号機からの固定資産税収は年間約1900万ドルで、ザイオン市税収の半分以上（１９９６年時点で55%）を占めていた。

閉鎖決定時、運転事業者は「２０００年までは年間約１９００万ドルの固定資産税を支払う」と約束していた。しかし２００１年には同原発からザイオン市への納税額は８１４万ドルまで減少した。１９９８年から５年間で、同原発からの固定資産税収は91%減少したといわれる。その後もザイオン原発からの固定資産税収は減少を続けてきた。ザイオン市のクネーベル財務局長によれば、２０１７年時点で廃炉中のザイオン原発からの税収は年間約50万ドルとなっている（２０１７年9月15日付『シカゴ・トリビューン』）。

このザイオン原発からの税収減を埋め合わせるために、ザイオン市では住民の固定資産税率を段階的に引き上げることとなった。その結果ザイオン市の住民、特に不動産所有者にとっての税負担は急激に増大した。１９９７年のザイオン市の固定資産税率は８・72%であった。この固定資産税率は原発閉鎖後徐々に引き上げられ、２０１６年には21・46%に達している。地元紙によれば、２０１７年時点でザイオン市の固定資産税率は全国平均の３・５倍以上となっている（２０１８年8月16日付『Lake County Gazett』）。

表4：ザイオン原発からザイオン市への納税額

年	納税額（万ドル）
1997（閉鎖前年）	1,951
2001	814
2003	75
2017	50

出所：Kayastha, Binam et al. (2016) "Analyzing the Socioeconomic Impacts of Nuclear Power Plant Closures" 他資料[2]をもとに作成

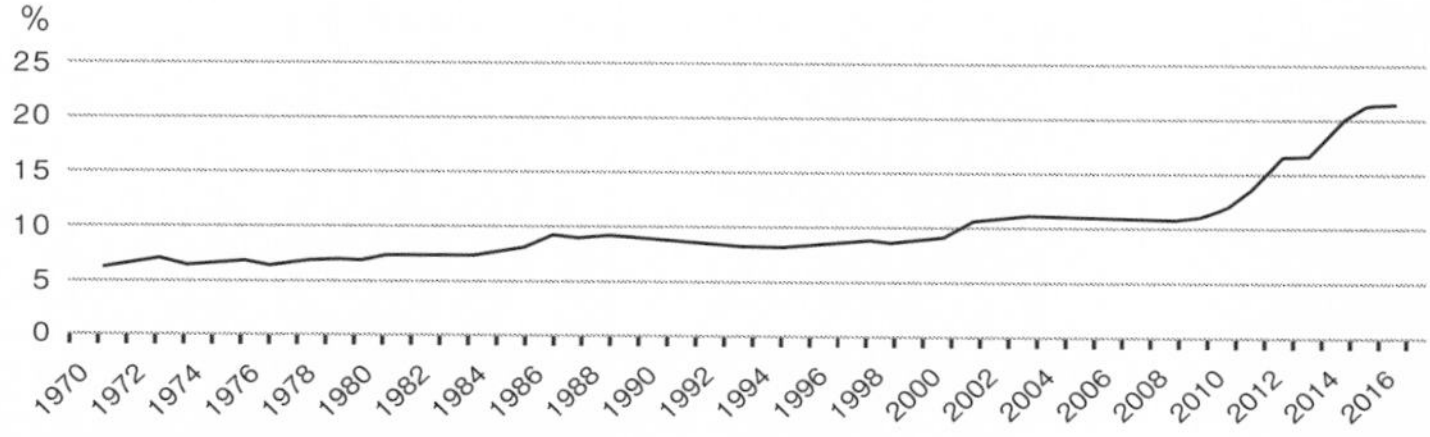

図5：ザイオン市固定資産税率の推移

出所：Kayastha,Binam et al.（2016）をもとに作成

ザイオン市関係者によれば、この増税策がザイオン市の経済・ビジネス環境に「負の連鎖」をもたらした。前出クネーベル財務局長によれば、固定資産税増税の影響で、不動産購入を希望する住民の多くは他の地域に流出した。その一方で、ザイオン市における不動産価格は下落を続けてきた。高い固定資産税が原因でザイオン市内の住宅には買い手がつきにくいからである。

ザイオン市で40年以上活動してきた事業者は「これ以上固定資産税が上がるなら、事業を続けられるかわからない。増税のせいで事業者は皆生きていけなくなる」と市の増税政策を批判している（２０１８年12月20日付『シカゴ・トリビューン』）。

前述のような増税策を実施してもなお、ザイオン市は慢性的な財政難に苦しんでいる。ザイオン市では、公共事業の削減やリストラも行ってきた。アル・ヒル市長（当時）によれば、２０１８年までに、警察官14人、公務員８人、建設局職員５人分の雇用が削減されている。

（3）住民不在の不透明な廃炉

ザイオン原発で廃炉がスタートしたのは、原発閉鎖（1998年）から12年後の2010年である。廃炉開始まで10年以上の期間を置く「遅延解体」方式（コラム1）が採用されたためである。ザイオン原発の廃炉を担当することになったEnergy Solutions社は、ザイオン市にとってなじみのないユタ州の企業である。廃炉開始に先立ち、2010年に同原発の事業ライセンスがこの企業に移譲された。発電事業者とは別の企業に事業ライセンスを移して原発廃炉を実施する「第三者廃炉」と呼ばれる方式である。米国原子力規制委員会が実際にこの方式を認めたのは、ザイオン原発が初めてであった。

Energy Solutions社は原子力施設解体の経験があり、ユタ州に放射性廃棄物処理施設を保有している。その子会社Zion Solutions社が廃炉事業者となることで、より短期間・低コストでの廃炉が可能になると評価された。当初計画では廃炉開始は2013年以降で、廃炉完了は2032年とされていた。事業ライセンスの移譲により計画は変更され、2020年廃炉完了を目標に、施設解体作業が進められてきた。2015年には、プールに保管されていた使用済燃料を敷地内の乾式貯蔵施設に移送する作業が完了した。事業者側は、2016年10月末時点で「廃炉工程の88％が完了した」とし、2020年末までに放射線状況の最終調査を完了し、早期に原発跡地を明け渡すことを目指してきた。

廃炉事業者は「短期間・低コスト」の廃炉計画を掲げ、当初計画より完了時期を前倒しして廃炉を進めてきた。しかし廃炉期間の短縮は、地域住民にとってメリットばかりではない。ザイオン原発廃炉事業が始まる時点ですでに、住民からは不安の声が上がっていた。２０１１年４月に事業者が開催した説明会に参加した住民の一人は「Zion Solutionsはザイオン原発の廃炉のためだけに作られた企業で、親会社はユタ州の企業だ」と指摘し、同社がザイオン市の安全に十分な責任意識を持ちうるのか懸念している（２０１１年4月11日付『Patch.com』）。

２０１３年には、ザイオン原発敷地内で解体工事中に使用された潤滑油が原因で小規模な火災が発生した。しかし廃炉事業者から住民にとって納得のいく形での情報公開がなされてきたとはいえない。さらに、Energy Solutions社に移譲された約8億ドルの廃炉信用基金（原発稼働中に電気料金から積立された資金）の使途も明らかにされておらず、住民から見た廃炉事業の不透明性を強めている。

２０１１年6月には、事業者と地域住民の代表者らが情報共有するためのコミュニティ助言パネルが設立された。しかし、この助言パネルに対する廃炉事業者からの説明会の開催は年2回程度にとどまる。そして、この助言パネルはあくまでボランティア組織と位置づけられており、十分なチェック機能を果たせていないことを指摘する声もある。「ザイオンの助言パネルは廃炉事業者に十分な情報公開を求める権限も資源も持っていない。元の運転事業者やZion

Solutions社とその親会社が自主的に提供する以上の情報は得られない」とヒル市長（当時）は述べている（２０１９年3月26日付『Stateimpact.npr.org』）。

ザイオンの廃炉事業者は短期間での廃炉完了に向けて集中的に施設解体を進めてきた。しかし同社が建設した使用済燃料貯蔵施設は、「廃炉完了」後もザイオン市に残されることになる。この施設では約１５００トンの使用済燃料が保管されている。

米国原子力規制委員会から「廃炉完了」認定が得られれば、廃炉事業者は「使用済燃料貯蔵施設」が残る原発跡地をExelon社（発電事業者の親会社）に引き渡す契約になっている。使用済燃料貯蔵施設の今後の扱いについてZion Solutions社は「廃炉事業の契約外」として説明を避けている。

一方で、廃炉跡地の保有者となるExelon社は「ザイオン原発跡地を再開発することが可能」としている。使用済燃料貯蔵施設とその周辺の区画を除けば、原発跡地をビジネス利用できるというのだ。しかしザイオン市関係者は、使用済燃料貯蔵施設が隣接する土地に住宅やリゾート地など付加価値の高い施設を誘致することは難しいと見る。「もし使用済燃料貯蔵施設に事故や攻撃があれば、開発者は巨額のリスクを負う」とヒル市長（当時）は言う（２０１８年10月7日付『The Press of Atlantic City』）。

ミシガン湖畔に位置する約２００エーカーの土地が有効に再開発される展望は、見えない。

ケーススタディ1のウィスカセット町と同様、原発閉鎖後、ザイオン市が受けた最も深刻な影響は税収の急激な減少であった。ザイオン市ではリストラ策を実施しつつ、住民や市内の事業者に対する増税で対応してきた。人口2万5000人未満の町であり、住民や一般の事業者らの税負担は急激に増大した。これがザイオン市での事業環境の悪化、不動産投資の減少という負の連鎖を招いている。

この事例からも、財政面で原発に大きく依存してきた自治体が、自力で税収減少分を補填することの難しさが見える。ザイオン市長は他の原発立地地域の代表者らと連携し、連邦議員達に救済策策定を求めて働きかけてきた。ケーススタディ1で紹介した「座礁原発法案」には、ザイオン原発の立地するイリノイ州選出の議員らも提出者として参加している。

そして、ザイオン原発廃炉の事例は、地域住民にとって廃炉事業者に対する監視は難しく、廃炉が「不透明」なプロセスになりやすいことを示している。元々、住民が民間の廃炉事業者に対して情報公開を求める手段は限られている。ザイオンの「コミュニティ助言パネル」も法的な権限がなく、有効なチェック機能を果たすことはできていない。廃炉の透明性を保証するためには、次のケーススタディで見るピルグリム原発廃炉市民助言パネルのように、州政府・知事から権限を与えられた市民監視組織を持つことが重要になる。

〈廃炉地域を守る制度の知恵〉
廃炉事業者に議会への報告を義務付ける

ザイオン原発廃炉開始後、ザイオン市の地域社会は、なじみのない他州の廃炉事業者とゼロからの関係構築を余儀なくされた。廃炉中のトラブルや周辺地域の安全にかかわる問題について、住民に十分な情報が公開されてきたとは言えない。その結果、ザイオン住民にとって不透明な部分が多く残るまま廃炉事業が進行することになった。

特に廃炉事業者Zion Solutionsが廃炉基金の使途や執行状況を公開していないことが、住民の不信感を強めた。同社の廃炉事業は、廃炉基金から収入を得るビジネスモデルとなっており、廃炉を安く済ませる方が利益が多くなる。これに対し、それまで電気料金を通じて廃炉基金を積み立ててきた地域住民からは、不満の声が上がった。2011年にはZion Solutionsが廃炉基金を管理することは違法だとして、イリノイ州住民が同州北部地区連邦地方裁判所へ訴えを起こしている（後に棄却）。

ザイオン市の場合、廃炉開始時点で、次のケーススタディ3で紹介するピルグリム原発廃炉市民助言パネルのような権限と調査力を持つ監視組織がなかった。地域住民にとっては廃炉事業者に十分な情報公開を求める術のないまま、10年間という短期間での廃炉事業が進められてきた。

これを教訓に、2019年、イリノイ州では廃炉事業者に定期的な情報公開を義務付ける州法（Public Act 101-0044）が成立した。これにより2020年以降、イリノイ州内で廃炉中の原発に関しては、事業者がイリノイ州議会に対して定期的に（2年に一度）報告を提出することが義務付けられた。廃炉事業者は、州の公共サービスを監督するイリノイ州通商委員会を通じてイリノイ州議会に報告書を提出する義務を負う。この際、廃炉基金の使途についても州議会に報告することになる。

従来、廃炉事業者が廃炉実施状況や廃炉計画の変更について報告するのは国の原子力規制委員会（NRC）に対してであり、州議会への報告義務はなかった。この州法が成立したことで、イリノイ州で原発廃炉を

ザイオン原発の廃炉作業［Zion Solutions LLC］

行う事業者は、州議会に対しても同様の報告を義務付けられる。地域住民は、自ら選んだ州議会議員を通じて、廃炉事業を巡る詳細な情報にアクセスすることができる。

この州法案を提出したのは、ザイオン市を地元とするイリノイ州下院議員ジョイス・メイソン氏である。「地元に廃炉中の原発を抱える州議会議員として、地域の安全に追加の配慮することは特に重要です。原発廃炉プロセスは複雑でわかりにくいものです。定期報告を義務付けることで、私たち州議会議員は、地元コミュニティの安全が守られていることを確認する追加的な手段を得ることになります」とメイソン氏は言う（2019年1月26日付『シカゴ・トリビューン』）。

2020年完了を目指して廃炉事業が進むザイオン市にとっては、この法律ができるのは遅すぎたかもしれない。しかしこの州法によって、廃炉基金の使途も含め、これまで約10年間のザイオン原発廃炉事業の詳細もさかのぼって明らかにできると期待されている。

さらには「議会報告義務化」制度により、今後イリノイ州で廃炉が行われる他の原発についても、地域住民はより実効性のある廃炉監視手段を得ることになる。この議会を通じた廃炉監視制度は、「廃炉事業の不透明さ」に苦しんできたザイオン市の教訓から生み出されたものだ。

このように米国の廃炉原発立地地域では、地域住民を代表する議員・議会による廃炉監視力が問われている。今後原発廃炉が予定されている地域でも、イリノイ州法を一つの参考に、議会の廃炉監視権限を強める制度作りが必要になるだろう。

1 人口データはhttp://www.encyclopedia.chicagohistory.org/参照。
2 2003年、2017年の税収額はザイオン市長および財務局長のプレス記事へのコメントを参照。

ケーススタディ３　新参廃炉事業者に脅かされる地域住民の安全　マサチューセッツ州プリマス町

（１）原発が地域の消費を牽引《けんいん》

プリマスはマサチューセッツ州の南東部（ボストンから約70km）に位置する人口５万６４６８人の町である（２０１０年国勢調査）。

１９６８年に公営事業体によってピルグリム原子力発電所の建設が始まり、５年後の１９７２年12月に電力供給がはじまった。１９９９年にEntergy社が同原発を買収し、同社傘下の企業が運転事業者となった。

２００６年にEntergy社はピルグリム原発の運転期間延長申請を提出し、２０１２年には同原発の運転期間が２０３２年（稼働開始年１９７２年から60年）まで延長された。しかしその後トラブルが続き、「運転継続は採算が合わない」という判断から２０１５年に廃炉が決定。それから約4年後の２０１９年5月、ピルグリム原発は完全閉鎖された。

マサチューセッツ大学による調査[1]によれば、２０１４年時点でピルグリム原発では５８６人の従業員が働いており、そのうち１９０人がプリマス町の住民であった。ピルグリム原発従業員の給与水準は１週間あたり１８０５ドル（マサチューセッツ州平均の１・５倍）で、同原発従業員

表5：ピルグリム原発の基本情報

名称	ピルグリム原子力発電所
立地地域	アメリカ合衆国マサチューセッツ州プリマス郡
事業者	発電事業者Entergy Nuclear Operations, Inc.から、廃炉決定後Holtec Decommissioning International（HDI）社にライセンス移譲
原子炉型	沸騰水型
発電容量	677MW
稼働開始	1972年
閉鎖	2019年
廃炉プロセス	当初2080年までの長期廃炉（遅延解体方式）が計画されていたが、廃炉事業者HDIが廃炉計画を変更、2027年完了を目標に作業を進める
使用済燃料	原子炉から搬出後冷却プールで保管。冷却済みの燃料をプールから敷地内の乾式貯蔵施設に移送中（2020年12月時点）

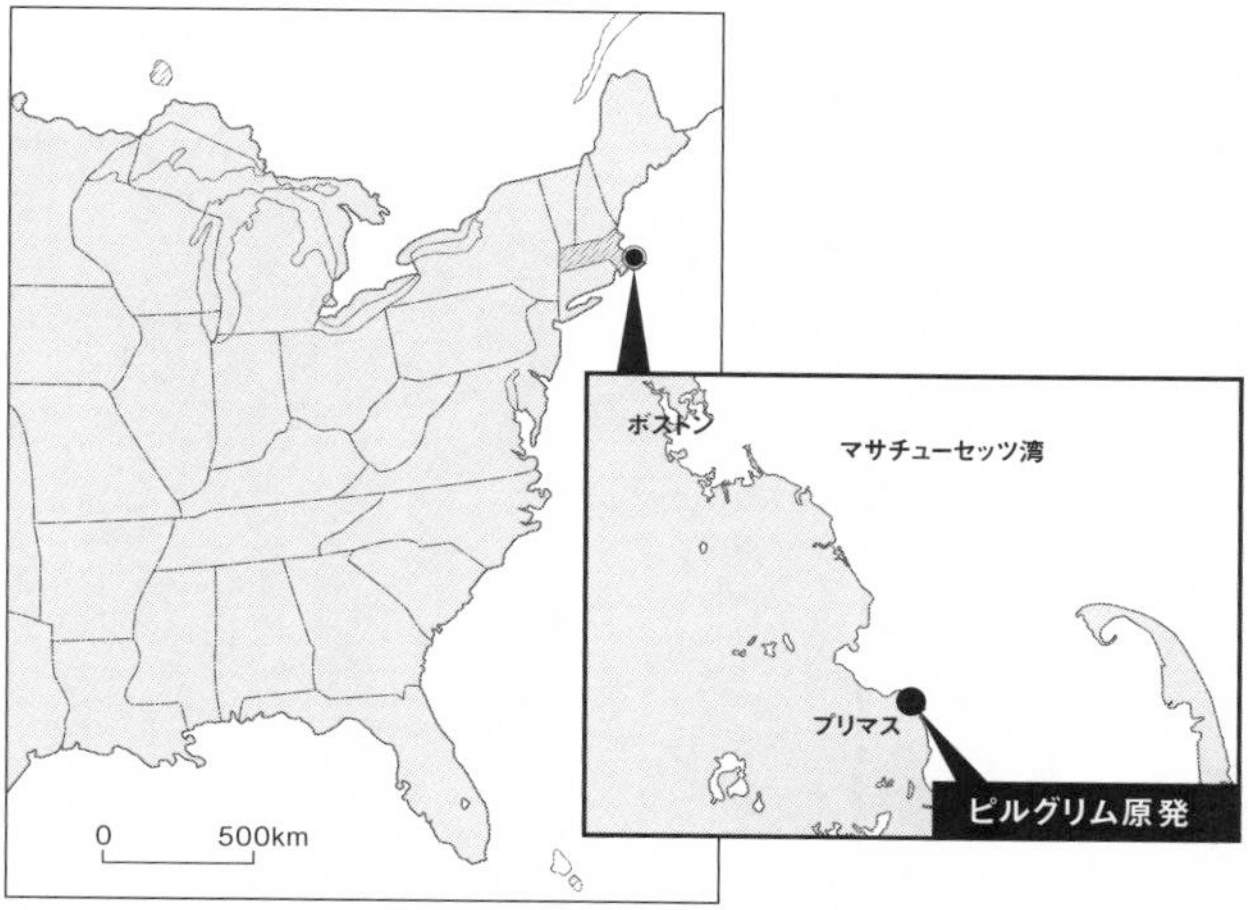

図6：プリマス町とピルグリム原発の位置

がプリマス町と周辺地域で消費を牽引する高所得者層を形成していた。

他の例に漏れず、ピルグリム原発はプリマス町にとっての主要な納税者でもあった。2015年度ピルグリム原発からプリマス町に約1000万ドルが支払われている（固定資産税・防災対策費等含む）が、これは当時のプリマス町の税収の7％以上を占める。

（2）幅広い関連産業への影響の懸念

2019年5月のピルグリム原発閉鎖がプリマス町にどの程度の経済的影響を与えるのか、2020年時点でその全体像を評価するのは難しい。原発閉鎖前町予算の約9割をメインヤンキー原発に依存していたウィスカセット町（ケーススタディ1）に比べれば、プリマス町の税収面での原発依存度はそれほど高くない。

しかし前出マサチューセッツ大学の調査によれば、ピルグリム原発の閉鎖によりプリマス町周辺地域では税収、雇用、原発関連産業の事業縮小等、様々な面で経済的影響を受けることが予測されている。

たとえば、2019年にピルグリム原発が完全閉鎖されたことで、すでに同原発の従業員数は減少している。同原発閉鎖時の従業員数は約580人であった。ライセンス移譲を受けた廃炉事業者が継続雇用の対象としたのは、このうち270人に留まる。さらに地元メディアによ

閉鎖以前のピルグリム原発（2015年）［Getty Images］

れば、2020年12月時点では160人にまで減っている（2020年12月2日付『Wicked Local』）。

運転時の2014年時点で、ピルグリム原発は、プリマス町とその隣接地域に年間5億4500万ドルの経済効果を生み出していたと評価されている。プリマス町が位置するプリマス郡の企業の25％以上は、原発向け物品・サービス提供に関わる事業分野で活動しており、これらの企業を通じた間接的雇用創出効果も含めれば、1175人分の雇用が生み出されたという。

ピルグリム原発閉鎖の影響は、これら関連産業に波及することも予想される。ピルグリム原発が周辺地域（マサチューセッツ州南東部）に対して発注した物品・サービスの総額は、2014年時点で6000万ドルとされており、これが失われる負の効果は大きい。原発に対する保守・サービスに関わる分野だけでなく、地域の医療サービス、不動産業、金融業、外食産業などが間接的な影響を受ける可能性が指摘されている。

表6：プリマス町におけるピルグリム原発の経済効果（2014年時点の評価）

雇用者数	190人
従業員の給与及び福利厚生	2,490万ドル
税収他立地自治体への支払い	1,030万ドル

出所：Jonathan G.Cooper（2015）"The Pilgrim Nuclear Power Station Study"をもとに作成

（3）犠牲になる地域住民の安全

廃炉時代を迎えたピルグリム原発周辺地域で、住民たちが懸念するのは、運転時と同様のレベルで防災と安全確保の体制が保証されるのか、という問題である。

２０１９年8月、同原発の運転事業者として地域で活動してきたEntergy社から、ＨＤＩ社に事業ライセンスが移譲された。住民にとってはなじみのない新規参入企業が、廃炉を担当することになった。

当初の計画では、Entergy社が廃炉までを行う予定で、廃炉期間は60年間（総事業費約16億ドル）と設定されていた。原子炉から使用済燃料を抜き出した後、施設解体まで一定期間安全管理することで、作業員や周辺環境への放射線影響を下げる安全重視の廃炉計画（遅延解体方式。コラム1）であった。

しかし新たに廃炉事業者となったＨＤＩ社は、廃炉期間を大幅に短縮し8年以内に廃炉完了を目指すとしている。同社の計画では廃炉事業費も11億ドルに縮小された。これに対し、地域住民や専門家は「廃炉の安全性を犠牲にする」「安かろう悪かろうの工程」として懸念を表明している。

ピルグリム原発の貯蔵プールでは４０００体以上の使用済燃料が保管されてきた。ＨＤＩ社は冷却済みの使用済燃料を敷地内の乾式貯蔵施設に移送する作業を進めている（２０２０年12月時点）。使用済燃料の搬出先が決まらない限り、この乾式貯蔵施設はプリマス町に長期間残されることになる。そのため、貯蔵施設の長期的な安全性を保証することも不可欠である。ＨＤＩ社にそのための技術・経験があるのか、疑問視する専門家の意見もある。

さらに、原発が廃炉期に入ったことで原発周辺地域の防災制度も、大きく変更されてしまった。

米国の他の原発同様にピルグリム原発周辺10マイル（約16㎞）エリアには「緊急時計画ゾーン（通称ＥＰＺ）」が設定されていた。しかし２０１９年11月に、米国原子力規制委員会（ＮＲＣ）がこのＥＰＺを撤廃（原発敷地境界まで縮小）することを許可した。廃炉事業者ＨＤＩ社が周辺地域に対する原子力防災対策の免除を申請し、ＮＲＣがそれを認めたのだ。原子炉からすべての燃料が抜き出され、燃料プールに保管されていることを根拠に「事故の危険性が下がった」として、NRCは周辺地域のEPZ撤廃を正当化している。

それまでプリマス町をはじめとするEPZ内の地域には、ピルグリム原発から年間約200万ドルの緊急時対策費用が支払われてきた。この予算によって避難訓練や必要な機材の購入などが行われてきた。原発周辺のEPZが撤廃されることにより、廃炉事業者はこの緊急時対策費用の支払いを免除されることになる。このEPZ撤廃決定も「廃炉事業者のコスト削減のために安全性を犠牲にした」と批判されている。

ピルグリム原発は地震リスク地域に立地している。「廃炉時代」にも運転時と同レベルの安全対策、防災体制のさらなる強化を求める声は強い。

廃炉プロセスが始まると、それまで稼働中発電所向けに物品やサービスを供給してきた周辺地域の事業者が仕事を失う一方で、地域になじみのない廃炉関連事業者が参入してくることがある。これら新参の廃炉事業者が、地域住民の安全上の懸念を重視して作業を進める保証はない。特に本拠地や事業拠点を遠隔地に置く企業であれば、廃炉対象地域の長期的な利益を考える視点を持ちにくい。防災策を犠牲にしてでも、自らの利益の最大化を追求する廃炉企業が現れてもおかしくない。この場合、地域住民や周辺自治体は、ゼロから新参事業者と関係を構築し廃炉事業の安全性をチェックする、という困難な課題に直面する。ピルグリム原発周辺地域の経験は、廃炉が地域に与える影響が「経済的」なものにとどまらないことを明示している。

ピルグリム原発のように、原発に関わるライセンスそのものを新参の廃炉企業に移すというのは、米国だけの例外事例に聞こえるかもしれない。しかし地域になじみのない企業が廃炉工事を受注し、周辺住民の安全を軽視した計画変更を行うことは、日本の立地地域で起こりうる。今後廃炉時代を迎える立地地域では、こうした事態をも見越して具体的で実効性のある「安全監視体制」を構築していく必要がある。

〈廃炉地域を守る制度の知恵〉

廃炉を住民の視点でチェックする「市民助言パネル」

「ボーイング737の事故の教訓は、2回も深刻な事故が起きてようやく我々は問題に気づくということだ。どれだけ安全対策をほどこしても、必ず機能するというものではない」

2020年2月24日マサチューセッツ州プリマス郡で開催された「ピルグリム原発廃炉市民助言パネル」定例会合において、ダニエル・ウルフ元州議会議員は原子力規制委員会（NRC）の代表者らに警告した（2020年2月25日付『Wicked Local』）。同議員は州議会上院議長の任命により、この「市民助言パネル」の委員を務めている。

この日の定例会合では、廃炉中のピルグリム原発で用いられる「使用済燃料乾式貯蔵用キャスクシステム」（燃料プールから抜き出した冷却済みの使用済燃料を安全に中長期に保管する設備）の安全性が議題となった。この乾式貯蔵システムに対してNRCが行った安全審査が適正であるかが焦点である。

現在の廃炉計画では、稼働を終えたピルグリム原発の使用済燃料は敷地内の乾式貯蔵施設に長期保管されることになっている。NRCは、原発稼働時から発電事業者が使用していた乾式貯蔵施設に加えて、廃炉事業者HDI社が新たに製造した乾式貯蔵キャニスターを使用することを認めた。しかし同年1月に開催された「市民助言パネル」前回会合では、独立有識者として招かれた原子力安全専門のベテランエンジニアが、使用予定の乾式キャスクシステムの経年劣化や耐震面の危険性を指摘していた。使用済燃料の処分場が決まらないまま、この乾式貯蔵施設を今後数十年間管理・運用することが想定されている。廃炉事業者に長期間安全に施設を管理する能力があるのかどうか、ということも争点となった。

これをうけて、2月の会合にはNRCの担当者5名が出席し、使用済燃料貯蔵システムの安全審査について説明を求められた。NRC側は、問題の「乾式貯蔵施設」を含め、ピルグリム原発では定期的な現場点検によって廃炉作業の安全性を確認していると主張する。

しかし「市民助言パネル」は地元住民の視点から、現状の安全性審査では不十分として問題点を指摘する。ウルフ氏はパイロットとして勤務した経験を持ち、航空産業の安全性審査を参考に二重三重の審査の必要性を指摘した。地元プリマス郡住民代表としてパネルの共同座長を務めるシーン・ムーリン氏は、NRC担当者達に「独立安全審査の必要性について検討したのか？ NASAではスペースシャトル事故の教訓から独立機関による安全性審査を導入している」とNRCに訴えた。

「市民助言パネル」では毎回、常任メンバー以外の市民からのパブリックコメントの機会も設けている。廃炉計画に関して市民が意見表明する機会を設けることも、同パネルの役割の一つである。この日のパブリックコメントでは、稼働中からピルグリム原発の監視活動に取り組んできた非営利団体「Pilgrim Watch」のランパート代表が、サイバー攻撃を含むテロを想定した使用済燃料安全対策を求めた。

ピルグリム原発で進められる使用済燃料貯蔵キャスク移送作業
[Holtec International]

NRCのような中央政府の規制機関担当者に対して、元議員や地域住民が直接意見を戦わせるこの「市民助言パネル」とは一体なんなのだろうか。

ピルグリム原子力発電所は2019年5月に閉鎖された。「ピルグリム原発廃炉市民助言パネル」が初会合を開催したのは、それよりも2年早い2017年5月である（2016年のマサチューセッツ州法に基づき設立）。以降、同パネルは月1回の定例会合を通じて廃炉が周辺地域に与える影響について住民に周知するとともに、地域社会からの懸念事項を事業者や規制当局に伝える活動を続けてきた。廃炉に関連する問題についてマサチューセッツ州知事に助言をする機関でもあり、知事に年次報告を提出することも主要任務の一つである。

マサチューセッツ州政府資料によれば、「市民助言パネル」は21人の常任メンバーで構成され、プリマス郡と周辺地域の住民代表、マサチューセッツ州職員、ピルグリム原発従業員などが含まれる。住民代表メンバーは、知事や州議会議長、少数党代表、プリマス郡議会などによって任命される。常任メンバーの任期は4年とされ、継続的に同じメンバーで廃炉プロセスをチェックすることが可能となっている。

ケーススタディ2で見たザイオンの「コミュニティ助言パネル」は事業者が設置したボランティア団体で、有効な廃炉監視ができていない。それに対して、ピルグリムのパネルは実効性を持っていると言える。それは次のような条件が整えられているからである。

・廃炉計画やその実施状況、廃炉予算執行状況などについて、事業者に報告を求める権限を有していること。

・州知事や州議会多数党推薦枠だけでなく、少数党推薦枠、地元郡住民代表枠、原発事業者従業員など、政治的にも利害関係の面でも幅広い属性のメンバーを常任委員として集め、多様性を保証していること。
・委員には4年の任期が与えられ、長期的な視野で廃炉に関連する知見を蓄積できること。
・独立的な立場のエンジニアを講師に招いたり、長年原発を監視してきた市民団体からの意見表明の場を作るなど、専門的知見を取り入れていること。

このような条件に支えられ「ピルグリム原発廃炉助言市民パネル」は、国の規制委員会の専門家達と互角に渡り合う議論を展開している。

米国各地で、同様の「廃炉市民助言パネル」が設立され、定期的な会議を開催している。ピルグリム市民助言パネルのように州議会の立法によって設立されることもあるし、廃炉事業者が地域住民との関係構築のために設置する場合もある。

設立の経緯や形態に違いはあっても、これら「市民助言パネル」は共通して廃炉プロセスへの地域住民の参加、廃炉に関連した問題を地域住民と共有することを目指している。

前述のピルグリム市民助言パネル会合で、ムーリン座長は「あなた方は問題が起きるといつも事業者の責任だという。でも事業者は何かあっても有限責任しか問われない」とNRCに詰め寄っている。規制委員会は敷地内の施設を点検し、事業者の計画を認可するが、敷地外の地域住民がこうむる影響にはしばしば無関心である。「廃炉市民助言パネル」はこのような「国の規制」と「住民の懸念」のすき間を埋めるべく考案され、その仕組みは現在も改良が続けられている。「ピルグリム原発廃炉市民助言パネル」は、本来「助言」機関という位置づけだったものが、「地域立脚型の規制組織」に成長しつつある。

国の規制委員会の関心が廃炉原発の敷地内のことに限定され、地域住民の受ける影響を十分に考慮しないことは、日本でも同様に予想される。廃炉が地域にもたらす問題について住民自身が主張する仕組みが不可欠なのである。

1 Jonathan G. Cooper (2015) "The Pilgrim Nuclear Power Station Study: A SOCIO-ECONOMIC ANALYSIS AND CLOSURE TRANSITION GUIDEBOOK", UNIVERSITY OF MASSACHUSETTS AMHERST

コラム4

「敷地外」の目で廃炉を規制するカリフォルニア沿岸委員会

汚染施設の解体や使用済燃料保管を含む「廃炉工程」について、周辺地域の住民は安全性や環境影響など様々な疑問や不安を持っている。しかし、廃炉計画を審査する権限を持つ政府の規制委員会は、原発「敷地内」の工程をチェックはしても、「周辺地域」の問題に関与することに消極的である。

これまで見てきた「助言パネル」の活動を超えて、さらに周辺地域の問題意識を尊重できるよう、住民組織や立地自治体の機関が「廃炉計画」の審査権限を持つことはできないのだろうか。実は米国には、そのような権限を持つ地域（州）組織の実例がある。カリフォルニア州サンオノフレ原発廃炉計画の認可を行うカリフォルニア沿岸委員会（California Coastal Commission）である。

カリフォルニア沿岸委員会は1972年に設立され、1976年にカリフォルニア沿岸法（California Coastal Act）によって常設組織となった。同委員会は、州内の海岸地域と周辺水域の利用・開発、海洋環境保護や水質保護など広い分野で規制・監督権限を持つ。原子力規制を目的に設立

サンオノフレ原発(2012年)[Getty Images]

された機関ではないが、同州オレンジ郡の海岸に位置するサンオノフレ原発(2013年閉鎖)の廃炉に関して、事業者South California Edison(SCE)社の計画を認可する権限を持つ。

SCE社は、原子力規制委員会(NRC)の認可のほかに、カリフォルニア沿岸委員会の認可がなければ、サンオノフレ原発廃炉計画を進めることができない。特に、原発施設の解体や使用済燃料貯蔵施設の建設は周辺地域・海域への影響が大きいプロジェクトである。沿岸委員会は廃炉計画認可に際して、SCE社にいくつもの追加条件や安全対策を義務付けてきた。

たとえば、2019年10月に同委員会が施設解体計画を認可した際には、「周辺海域の水質保護、水生生物の生態系保証、有害物質放出防止」を徹底するよう注文を付けた。同委員会は、廃炉計画実行状況について、年に一度の定期報告をSCE社に義務付けている。

2020年7月に敷地内での「使用済燃料乾式貯蔵施設」の設置を許可した折にも、同委員会は貯蔵施設の「査察・保守プログラム」実施を条件とした。SCE社は、年に一度、使用済燃料を収容するキャニスターの腐食状況調査結果を同委員会に報告することになる。さらに、この「使用済燃料貯蔵施設」の使用許可は、「2035年まで」と期限がつけられている。この期限が過ぎれば、周辺海域の海面上昇などの状況変化を考慮して、同委員会が貯蔵施設の位置変更や撤去を要求することも可能である。

搬出先の決まらない使用済燃料が地域に押し付けられることを危惧する住民は多い。使用済燃料貯蔵施設を残したままの原発跡地に、NRCが「廃炉完了」のお墨付きを与える可能性もあるからだ（ケーススタディー）。カリフォルニア沿岸委員会は「2035年まで」と期限をつけることで、「使用済燃料が永久に押し付けられるのではないか」と懸念する住民達の声を尊重している。

同委員会はカリフォルニア州内の公職員6人、住民代表6人の計12名の委員で構成され、委員は州知事や州議会議長などによって任命される。さらに同委員会は毎月一度の住民公聴会を開き、同委員会の活動に対する住民の意見を受け付けている。この公聴会は3～5日間かけて州内の複数の地域で行われる。

サンオノフレ原発廃炉計画の認可に際しても、これら公聴会を通じ住民から厳しい要求が寄せられてきた。「期限付き」とはいえ、同委員会が「使用済燃料貯蔵施設」建設を許可したことは、住民から厳しい批判を受けた。同委員会のスティーヴ・パディラ委員長は「苦渋の決定」であったと認めている。パディラ委員長は、独立専門家による査察や報告義務化を通じて廃炉監視を強化していくことを約束している（2020年8月4日付『San Diego Union-Tribune』）。

同委員会は住民代表と公職者で構成されるカリフォルニア州の機関である。立地地域の機関が、海岸・水域に関する監督権限を活用して、海岸で進む廃炉に対して「地域目線」での追加規制を行っているのだ。

日本でも今後、各地の海岸地域で原発廃炉が進むことになる。立地自治体や周辺地域の組織には地域の環境を守る観点から廃炉監視を行う役割も期待される。廃炉規制に「周辺地域・水域」の問題意識を反映するために、立地地域の権限を強化する法整備も必要になるだろう。

コラム5 「廃炉」を理由にした地域防災プログラムの縮小を防ぐ

廃炉中のピルグリム原発周辺地域では半径10マイル（約16㎞）圏の「緊急時計画ゾーン（EPZ）」を撤廃することが認められた（ケーススタディ3）。それに伴い避難訓練や防災スタッフ人件費の財源となる「緊急時対策費用」も支払われなくなる、という事態が生じた。実は、このように廃炉中原発の周辺地域で緊急時対策が削減されるケースは珍しくない。

2014年末に閉鎖されたバーモントヤンキー原発（バーモント州ウィンダム郡）の周辺地域では2016年4月にEPZが撤廃された。それに伴い、原発事業者Entergy社は周辺地域に対する「緊急時対策費用」支払いも免除されることとなった。原発閉鎖から1年半も経たないうちに、大幅な緊急時対策の縮小が認められた。

バーモントヤンキー原発の半径10マイル圏内には、近隣3州（バーモント、マサチューセッツ、ニューハンプシャー）の計18市町がある。2015年時点で、3州に対する「緊急時対策費用」額は約430万ドルであった。この財源を失えば、周辺自治体は「廃炉中原発での不測の事態」に十分な備えをすることができない。バーモント州では、これまでこの財源を、原発立地自治体ブラトルボロ町の緊急時対策スタッフの人件費や避難プログラム関連設備購入に充ててきた。「２０１６年度の州の放射線事故対策予算１６０万ドルは、すべてEntergyからの緊急時対策費で賄われています」とバーモント州緊急事態管理・地域安全保障局の責任者ボーネマン氏は述べている（２０１５年2月10日付『Vermont Business Magazine』）。

閉鎖した原発とはいえ、なぜ周辺地域の「緊急時計画ゾーン」を撤廃したり、原子力防災プログラムを縮小することができるのだろうか。これは、米国原子力規制委員会（ＮＲＣ）が緊急時対策の免除権限を持っているためである。ＮＲＣの規則は「廃炉中は原発運転中に比べて事故リスクが小さい」という考え方に立つ。事業者は原子炉から燃料を貯蔵プールに移した後、ＮＲＣに緊急時計画の免除を申請することができる。バーモントヤンキー原発周辺のＥＰＺ撤廃も、この免除申請を経て認められた。さらに、廃炉作業が進むにしたがって、敷地内の緊急時対策プログラムや対策人員の縮小が進められてきた。たとえば２０１８年には、それまで一人ずつ確保されていた技術コーディネーターと放射線防護コーディネーターが兼任になり、周辺地域住民との連絡業務を担当するようになった。

しかし、事故があれば直接被害を受ける周辺地域にとって「廃炉になったから即防災縮小」という論理は受け入れがたい。「使用済燃料がプールにあるうちは、緊急事態につながる数多くのリスクが残っている」とボーネマン氏は指摘する（２０１６年４月18日付『Vermont Public Radio』）。事故や

バーモントヤンキー原発（2015年）［NRC］

自然災害で燃料プールの冷却機能が失われれば、メルトダウンを含む非常事態に発展する可能性がある。

廃炉計画に従い、廃炉事業者はプールに残る使用済燃料を敷地内の乾式貯蔵施設に移送する作業を進めてきた。しかし、冷却済みの燃料が乾式貯蔵施設に移された後も事故リスクが消えるわけではない。特に、敷地内での保管が長期化するのがほぼ確実である現状では、施設の経年劣化をも見越したリスク管理が必要だ。バーモント州保健局職員アーウィン氏は「使用済燃料を乾式貯蔵施設へ移送した後も、敷地内だけでなく敷地外でも継続的なリスク監視が必要」と釘を刺している（2015年9月28日付『VTDigger』）。

周辺地域も「緊急時対策縮小」をすんなりと受け入れてきたわけではない。原発周辺10マイル圏のEPZが撤廃された後も、2018年までは緊急時対策費用（計60万ドル）が支払われるよう、バーモント州はEntergy社と協定を結んだ。

連邦議会でも、このような緊急時対策免除を防ぐための立法提案がなされている。2018年にはバーモント州選出のバーニー・サンダース氏を含む上院議員グループが、法案「Safe and Secure Decommissioning ACT of 2018」を提出した。この法案の趣旨は、NRCによる緊急時対策免除権限を制限することである。法案の規定に従えば、使用済燃料のプール貯蔵が続く間は、緊急時対策を免除することはできなくなる。

日本では、廃炉決定後の地域防災をどのような規模で維持すべきか、という問題が議論されることはまだ少ない。しかし米国の廃炉原発周辺地域で起きている防災体制縮小を「対岸の火事」として眺めていてよいのだろうか。

日本では原発周辺30km圏に「原子力災害対策重点区域」が設定され、避難計画の策定が義務付けられている。原発で不測の事態が生じた際には、30km圏内の周辺自治体と迅速に情報を共有し連携できるよう、事業者にも防災・通信インフラ整備や防災計画策定が義務付けられている。これは再稼働申請中で停止している原発も同様だ。

しかし敷地内の原子炉すべての廃炉が決まったとき、その原発の周辺地域での非常事態対策はどうなるのだろうか。2020年現在、日本の商用原発で全基廃炉が決定しているのは福島第二原発と東海発電所（茨城県）のみだが、遠くない将来、他の地域でも「全基廃炉決定」のタイミングは訪れる。その際に事業者が防災対策を縮小することは予想できる。その場合、廃炉の進む原発敷地内での防災策（インフラや人員）が縮小される一方で、周辺自治体は自力で防災体制（避難計画等）を維持しなければならないという、アンバランスな状況が生じうる。

資源エネルギー庁は、廃炉が進むにつれて事故の危険も減少するとし「今後は、安全を第一としつつも、廃炉の各プロセスにおけるリスクに応じた安全規制を検討することも必要になると考えられます」[2]と指摘している。廃炉決定後の原発に対しては、従来の安全規則が変更される可能性があるのだ。廃炉中の原発に対する安全規制の縮小・緩和が事故リスクの低減度合いに先行して進まないよう、周辺自治体から注視していく必要がある。この問題は、第2部で改めて取り上げたい。

1　ワシントンコアL．L．C．（２０１７）「欧米先進国の原子力防災制度等の調査（平成28年度原子力施設等防災対策等委託費）」参照。

2　資源エネルギー庁（２０１９年3月15日）「原子力発電所の「廃炉」、決まったらどんなことをするの？」

第2章　その他世界の廃炉地域

ケーススタディ4　地域再生の視点なき「国策国営」廃炉　ロシア・ビリビノ市

「国策民営」で原子力政策を進めてきた米国では、廃炉をめぐるプロセスにも市場原理が働いている。原発が生み出す電力の市場競争力の低下を背景に民間事業者が廃炉決定をし、廃炉事業でも短期・低コスト化を追求する企業が参入する動きがある。立地地域住民たちは、民間企業が進める廃炉事業への監視を強め、地域の経済再生に対する国の関与を求めてきた。

対照的に「国策国営」で原発を運営してきたロシアでは、政府が原発閉鎖決定を行い、国営企業が廃炉事業を担当する。この意味で廃炉に関する国の関与・責任が明確である。しかし、地域の社会・経済再生という点では、国が十分積極的に関与してきたとは言い難い。ケーススタディ4でとりあげるビリビノ原発では、廃炉をめぐって、政府、国営企業、地方政府の足並みはそろわず、立地地域ビリビノ市は場当たり的な政策に翻弄されている。

表7：ビリビノ原子力発電所の基本情報

名称	ビリビノ原子力発電所
立地地域	ロシア連邦チュクチ自治管区ビリビノ地区
事業者	Rosenergoatom
原子炉型	黒鉛減速沸騰軽水圧力管型
発電容量	48MW（4基、各12MW）
稼働開始	1974年
閉鎖	2019年1月に1号機が停止 2～4号機も2020年代半ばまでに閉鎖予定
廃炉プロセス	2019年1月に1号機が停止、廃炉準備中
使用済燃料	国内の使用済燃料再処理施設・貯蔵施設に移送を予定

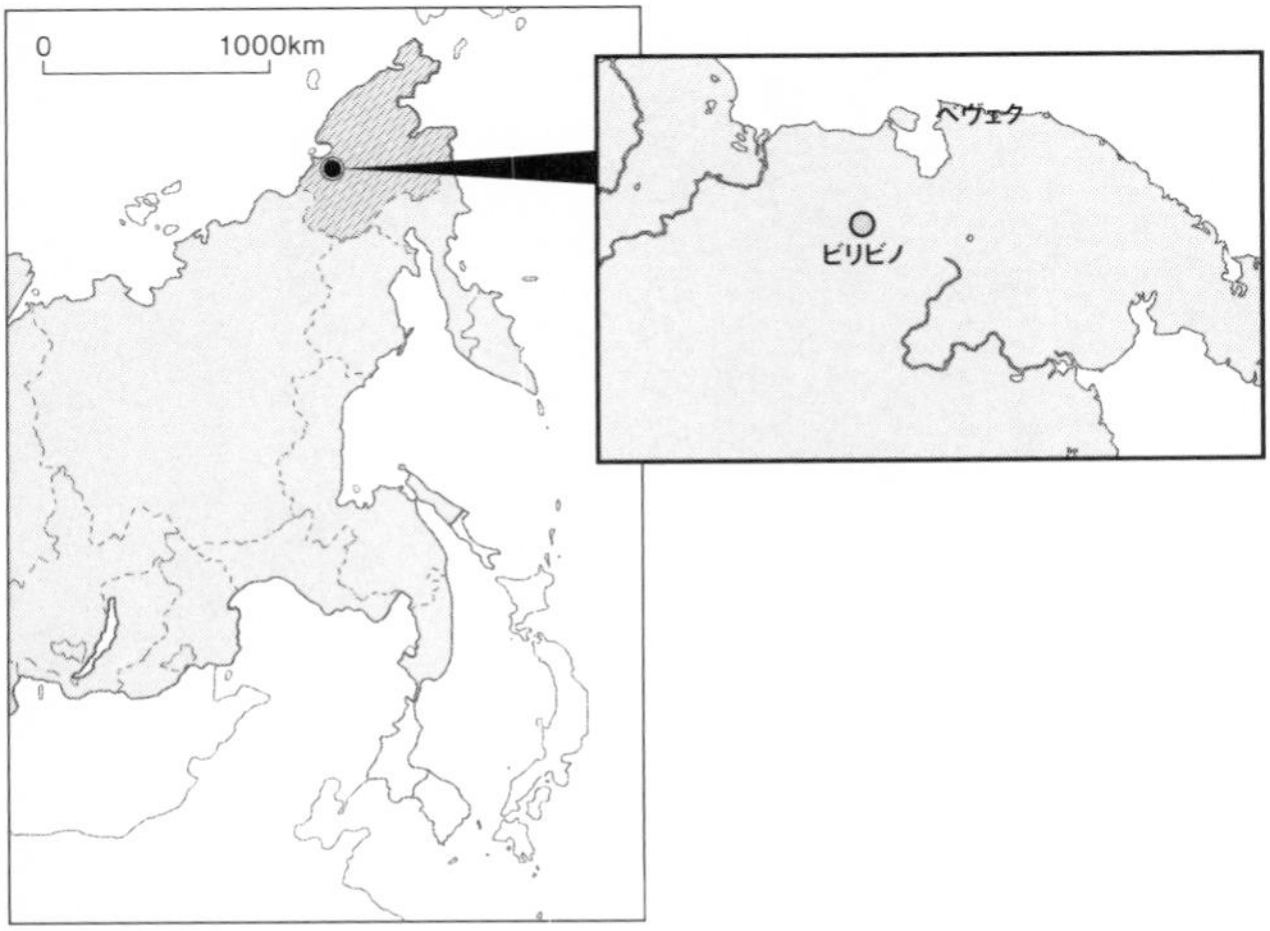

図7：ビリビノ市の位置

（1）鉱業の衰退とともに原発がほぼ唯一の産業に

ビリビノ市はロシア極東の北端チュクチ自治管区に位置する人口約5500人（2020年時点）の町である。

1950年代に同自治管区で金鉱が発見されて以降、「ビリビノ採掘・選鉱コンビナート」を中心に鉱業が発展した。これら鉱山採掘企業の拠点として形成されたのが、後のビリビノ市である。

1965年には、鉱業向け電力供給源として原子力発電所の建設が決定された。1974～76年にかけてビリビノ原発1～4号機が稼働開始すると、隣接するビリビノ（同原発から4・5㎞）は原発従業員の町となった。鉱業と原子力発電に支えられた地域経済が活況であった80年代末には、ビリビノの人口は約1万6000人に達している（2020年時人口の約3倍）。ビリビノ市が正式に市としての位置づけを得たのは、ソ連解体後の1993年である。

ビリビノ市周辺エリアでは、総電力需要の約80％はビリビノ原発によって供給されており、同原発はビリビノ市への熱供給も行っている。同原発はビリビノ市最大の雇用主であり、2018年時点（1号機閉鎖前）で700人が働いていた。

ソ連解体後、90年代には地域で活動する鉱業関連企業の閉鎖が相次ぎ、それら鉱業事業向けに電力を供給してきたビリビノ原発の必要性は低下した。その結果2000年代後半には、ビリビノ原発の設備利用率は3割程度まで下がった（2006年時点で32・5％）。この状況を受けて、ロシア政府は2020年末までに同原発を閉鎖することを決めた。[1] 政府の決定で、ビリビノ原発1～4号機は2019～20年に順次稼働停止する計画が示された。2019年1月には計画通り1号機が停止し、廃炉に向けた準備工程がはじまっている。その一方で、2号機は2025年までの稼働延長が認められ、3、4号機も延長手続きに入った。

（2）後手に回る新産業育成、見えない町の将来像

ビリビノ原発はビリビノ市にとって、唯一の電熱供給源であるとともに、最大の雇用主でもある。

「従業員の家族も含めれば、市の人口約5000人のうち、2000人の生活がビリビノ原発によって支えられている」（運転事業者ロスエネルゴアトム関係者）とも言われる。同原発での雇用が失われれば、市の人口の3分の1以上が直接的な影響を受けることになる。

仮に残った2～4号機すべての期限超過運転が認められたとしても、2020年代半ばにビリビノ原発は全基が廃炉段階に入る。原子力発電事業に代わる雇用の受け皿を作ることは、ビリビノ市の存続にとって重要な課題である。

ビリビノ原発に代わる新たな産業創出の必要性は、以前から指摘されてきた。2011年に

ビリビノ市街とビリビノ原発（奥）［Getty Images］

は、当時のチュクチ自治管区知事が、原発閉鎖後を見据えてビリビノを金鉱・銅鉱床開発の拠点として発展させる計画を提案した。しかし、この計画は実現しないまま、政府が決めた原発停止期限（２０１９年）を迎えている。

２０２１年にはビリビノ市から約２００km離れたペスチャンカ地区で、採掘・選鉱コンビナートの建設が計画されている。これは２０１８年にロシア極東発展省とチュクチ自治管区政府が協定に署名した官民合同プロジェクトである。この採掘・選鉱コンビナートは周辺地域の経済振興に寄与するものと期待されている。しかし、このプロジェクトが決定したのはビリビノ原発停止期限（２０１９年）の直前であり、ビリビノ市にとっては遅すぎる代替雇用策であった。さらに、ビリビノ市から200km離れた「採掘・選鉱コンビナート」でどれだけの数のビリビノ住民が雇用されるのか、明確な見通しもない。

これまで同市で最大の雇用主であった運転事業者ロスエネルゴアトム（国営ロスアトム社子会社）も、ビリビノ市での代替雇用創出に積極的とは言えない。同社の幹部は、廃炉期のビリビノ原発でこれまでと同数の従業員を雇用することは難しいと認めている。「わが社としては市の存続に向けて支援する方針ですが、すべての責任を負うことはできません。地方政府の側からもこの問題への協力が必要です」と、2016年にビリビノ市を訪問したロスエネルゴアトム副代表取締役トケブチャワ氏は言う。

ロシアでは、原子炉から使用済燃料を搬出した後、解体工事など本格的な廃炉事業を開始するまで、一定期間、施設の安全管理が求められる。そのため使用済燃料の貯蔵プールでの保管や保守・点検のための雇用は、一定規模維持されるという。従業員数の約3分の2が閉鎖後の同原発での勤務継続を希望している、ともいわれる。

雇用継続が難しい従業員に対して、事業者は「職業訓練プログラムを準備し、ほかの地域の運転中あるいは建設中の原発への再就職を支援する」という。しかしこのような再就職支援は、ビリビノ原発従業員が他の地域へ移住することを前提としている。「鉱業分野で働く住民を除き、労働年齢の住民の多くが（原発閉鎖後）ビリビノから去るだろう」という悲観的な予測もある。

（3）地域再生を助けるための国策こそ必要

原子力政策を「国策国営」で進めてきたロシアでは、廃炉をめぐる意思決定や廃炉事業者の位置づけも米国とは異なる。

ビリビノ原発廃炉は事業者の経営上の判断で決まったわけではない。ロシア政府が前もって同原発の閉鎖決定を出している。廃炉事業者が国営（ロスアトム傘下企業）であるため、地域にとってなじみのない廃炉企業がビジネスとして参入してくることもない。廃炉対象原発に代わる電源建設の予算も政府が負担している。これらの点で、ロシアでは廃炉に国（と国営企業）がより直接的に関与していると言える。

その一方、廃炉原発立地地域の社会・経済再生や住民の安全に、国が責任をもって十分関与してきたとは言い難い。国と地方政府が進める前記「採掘コンビナート計画」（ビリビノ市から200km）や、2020年に国営企業が建設した洋上原発（同360kmの北極海上。図7）は、廃炉時代を迎えるビリビノ市の社会・経済を支える有効な策とはなっていない。

ロシアでは、今国策国営での廃炉のあり方が問われている。原発閉鎖の影響を受ける地域で原発に代わる産業を創り、住民に長期安定した生活基盤を保証することにこそ、国や国営企業の資源を集中的に投じる必要がある。

〈廃炉地域を守る制度の知恵〉
原子力企業が「原子力に依存しない」地域産業を育成する

ビリビノ原発閉鎖期限を迎えたビリビノ市では、原発に代わる新産業や代替雇用の準備が遅れ、地域の将来が見通せない状況が続く。原発閉鎖を決定したロシア政府、ビリビノ市最大の雇用主である国営原子力事業者、代替産業育成を課題とする地方政府、それぞれの政策の間に十分な調整ができていない。

その一方、ロシアの他の地域に目を向けると、これまで原子力産業に依存してきた都市で原子力以外の産業を育成する取り組みが成果を上げている。そこでは、中央・地方政府と国営原子力企業ロスアトムのより効果的な連携が見られる。

2019年5月、ロシア西部ペンザ州のザレチヌィ市では、新たな産業誘致を目的に外部の投資家達を招いた視察ツアーが行われた。このツアーでザレチヌィ市を訪問したのは、ロシア第二の都市サンクトペテルブルクの産業設備・空調システム製造分野の企業代表者達である。企業家たちは工業用地を視察し、電気・水供給やアクセス道路の整備などについて確認し、建物の賃貸や用地取得条件を審議した。これに際して、ロスアトム社の地域振興責任者が企業家達と会談を行い、ザレチヌィ市における製造業の発展について意見交換している。

ザレチヌィ市は、ソ連時代に核兵器製造施設と核技術研究所を軸に閉鎖都市として発展してきた。現在、同市はロシア政府から「集中社会経済発展区域」に指定されており、原子力や軍需産業以外の製造業の育成に取り組んでいる。この「集中社会経済発展区域」で活動する企業には、税制優遇や行政手続き緩和などの特典が認められる。たとえば土地税・不動産税が免除され、本来20％の法人税も設立後5年間は5％となる。

2017年にロスアトム社は、ザレチヌィ市を同社が推進する「未来都市プロジェクト」の実施地域に選定した。このプロジェクトでは、医療、住宅公営部門、教育、公共サービスの充実化などの振興策が実施されている。

これは、ロスアトムが全国で推進する地域産業育成プロジェクトの一例に過ぎない。近年ロスアトムは、原子力施設に依存してきた地域で企業誘致や都市環境整備事業に取り組んでいる。たとえばサロフ市（ロシア西部ニジェゴロド州）では、行政運営効率化や住環境改善に関わる「スマートシティ」プロジェクトを実施してきた。このサロフ市のプロジェクトは、国連人間居住計画UN-Habitatのベストプラクティスにも選ばれている。サロフ市もザレチヌィ市同様ソ連時代に核技術開発拠点として発展してきた歴史があり、ここでもやはり原子力に依存しない新たな都市づくりが課題である。

2017年には政府が原子力依存都市での新産業創出を担当する国営企業ATOM-TORを設立し、ロスアトムの傘下に置いた。

ATOM-TOR社は、ロシア各地の原子力産業依存都市で企業誘致や雇用創出に取り組み、短期間で実績を積み重ねている。2020年コロナパンデミックの状況下でも、ATOM-TOR社が運営する「経済発展区域」では新規投資・雇用創出計画が進んでいる（表8）。投資計画の内容をみると原子力分野とは直接関係のない製造業が多く、それぞれ数十人から100人規模の雇用創出を予定している。

前出ザレチヌィ市をはじめ対象地域の地方政府もATOM-TOR社と連携して、進出予定企業の支援に取り組んできた。政府が「原子力産業依存脱却」方針を明確にして対象地域に予算を投じ、国営企業と地方政府が連携することで、比較的短期間（ATOM-TORの場合3年未満）に多くの企業誘致と雇用創出を実現している。

国営企業が「経済発展区域」の運営主体になることで、「原子力依存脱却」に向けた国の長期的な関与も保証されている。国策により特定の原子力企業を基盤に発展してきた都市で、「産業の脱原子力化」もまた国策により進められているのだ。

表8：ATOM-TORの「集中社会経済発展区域」における雇用創出（2020年発表事例）

発表時期	対象地域	入居企業	概算投資額（ドル*）	雇用創出（計画含む）
10月16日	セヴェルスク（トムスク州）	暖房装置メーカー《PSK TomBat》	約13万	24人
10月13日	ザレチヌィ（ペンザ州）	金属加工企業《ATOMMASH》	約150万	100人
10月1日	セヴェルスク（トムスク州）	化学企業《Avrora Chemicals》	約3,170万	59人
9月30日	ノヴォウラリスク（スヴェルドロフスク州）	製鋼企業《Tehnolait》	約19.7万	25人
9月15日	ジェレズノゴルスク（クラスノヤルスク地方）	浄化設備メーカー《Akvatehnika》	未定	20~25人
8月25日	スニェジンスク（チェリャビンスク州）	金属コード製造企業《Metallokord-Snejinsk》	未定	50人以上
8月20日	ザレチヌィ（ペンザ州）	建材メーカー《StandartStroi》	約1,270万	100人

出所：ATOM-TOR社リリースをもとに作成
*2020年10月1日時点ロシア中央銀行レート（1ドル＝約78.8ルーブル）で換算

原子力事業を推進してきた国営企業「ロスアトム」が「原子力に依存しない」地域経済づくりに取り組むのは、奇妙に見えるかも知れない。しかし国策国営で原発を推進してきたロシアでも、今後多くの原発が運転終了期を迎える。ロスアトム自体も、風力発電や北極海航路運行など原子力以外の分野へビジネス多角化をすすめており、2030年には原子力以外の売り上げを全体の30％（2018年時点18％）に引き上げる計画である。これまで原子力に依存してきた地域で、原子力以外の産業基盤を育てることは、ロスアトムにとっても喫緊の課題なのだ。ビリビノをはじめとする廃炉原発立地地域でも、ロスアトムには新産業育成と地域社会支援へのさらなるコミットメントが求められる。

ATOM-TOR社の新産業創出事業は、これまで見た米国の廃炉地域と事業者がたどってきた道とはまったく別のビジョンを示してもいる。「国策国営」「国策民営」という制度上の違いはあれ、廃炉時代を迎えた日本でも、その考え方は参考になる。ATOM-TORの例には、廃炉決定後の立地地域と国、電力事業者の関係を考える上で重要なヒントがある。

廃炉決定原発を保有する電力会社は、廃炉プロセスの安全性を保証することは大前提として、同時に原子力に依存しない地域経済作りに貢献する道をさぐるべきではないか。廃炉決定後の立地地域での新産業創出に関与することで、電力事業者は単なる「廃炉事業者」ではなく、地域社会にとってより重要なパートナーとなりうる。これは住民からの反対が強く高コストな再稼働を無理に進めるよりも、長期的な地域貢献につながる道である。

このような事業者と地域の関係再構築のためには、やはり国からの後押しも必要だ。政府が対象地域の事業・雇用創出に有利な環境を整備し、電力事業者が地域の「原子力産業依存脱却」に主体的に関与するよう動機付ける、その仕組みづくりが鍵となる。

1　２０１４年９月、国営原子力企業ロスアトムのキリエンコ代表（当時）は、ビリビノ原発の閉鎖時期が「２０１９〜20年」であることを確認している（２０１４年９月26日付『ヴェドモスチ』）。

ケーススタディ5　地域を再生に導いた工業団地
ドイツ・ルブミン村

乾　康代

本節で取り上げるルブミンは、ポーランド国境に近い人口2000人あまりの小さな村である（図8）。海は北の北海とバルト海しかないドイツだが、ルブミンには遠浅の海岸と4・5㎞にわたる長い砂浜という貴重な海浜自然がある。1886年、ここに海水浴場が開かれて以来、ルブミンは保養と観光の村となった。東ドイツ時代の1967年、村の小さな市街地から約3㎞先にグライフスヴァルト原発の1号機の建設が始まり、その後増設が続いて、原発は村の基幹産業となっていた。

　原発で繁栄していたルブミンを突然襲ったのが、ドイツ統一を機に決定された稼働原子炉5基の閉鎖決定である。運転開始から17年目のことだった。ルブミンと原発事業者は、地域社会を揺るがすこの事態に直面し、いくつもの課題を乗り越えながら地域再生への挑戦を進めてきた。その成果は、ドイツの代表的な新聞『フランクフ

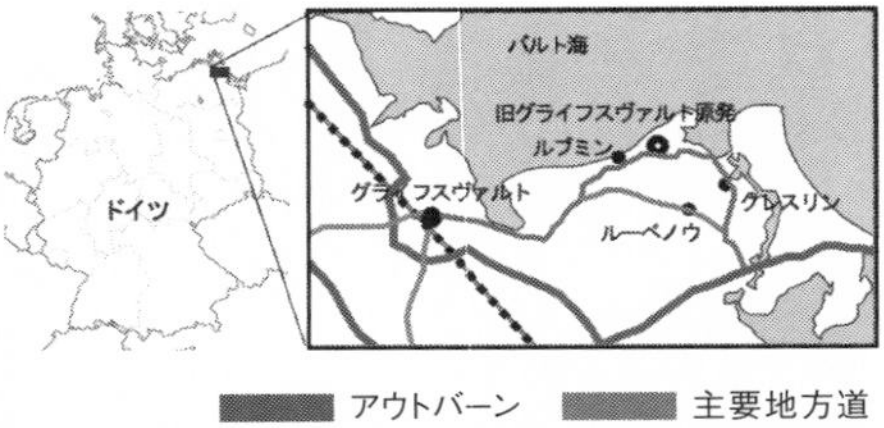

図8：グライフスヴァルト原発とルブミンの位置図

表9：グライフスヴァルト原発の基本情報

名称	グライフスヴァルト原子力発電所
立地地域	ドイツ連邦共和国メクレンブルク＝フォアポンメルン州ルブミン村
事業者	Energiewerke Nord GmbH（エネルギー工業北部有限会社）
原子炉型	ロシア型加圧水型
発電容量	1〜5号機各440MW
稼働開始	1973年
閉鎖	1990年
廃炉プロセス	即時解体、燃料・圧力容器・大型設備撤去完了*
使用済燃料	敷地内に設置された中間貯蔵施設に保管

*試運転準備中、建設中だった原子炉については、解体せず現状保存

ルター＝アルゲマイネ』紙によって「ルブミンの奇跡」と評された（2007年10月5日）。突然の閉鎖決定を受けた原発の小さな村が、地域再生の成功を収めたのである。

本節では、ルブミンはどのようにして「奇跡」を起こすことができたのか。原子炉閉鎖がもたらした地域への影響、ルブミンと原発事業者が立てた地域再生計画とその成果、ルブミンの財政変化、人口変化、ルブミンの地域産業の振興策の五つのテーマから見ていく。

（1）若い世代の大量流出

ドイツが統一された1990年、グライフスヴァルト原発には、稼働中原子炉が4基、試験運転中1基、建設中3基の合計8基があった（図9、表9）。

原発事業者ＥＷＮ（Energiewerke Nord、エネルギー工業北部）の従業員はルブミンをはじめとして原発周辺の村に住んでいたが、閉鎖が決まると、多くが新しい仕事を探すために家族を連れて村を去っていった。若い技術者の大量流出で地域の社会構造は大きく変容し、原発に代わる新しい事業を起こして地域を再生させなければならない地元自治体にとっては深刻な事態だった。

閉鎖決定は、グライフスヴァルト原発には圧力容器を覆う格納容器がないという重大な問題のためである。格納容器を装着しようとすれば莫大な費用が必要になるが、当時の東ドイツ地域は、人口流出と経済の停滞で電力需要は低下傾向にあった。こうした事情を考慮して、連邦政府は閉鎖を決断したのである。

稼働炉の全閉鎖が立地地域にもたらす影響は大きいが、ルブミンは連邦政府の議論に十分に参加できたわけではなかった。参加が不十分なままルブミンは、閉鎖で決定的に大きな経済的負担を強いられることになった。

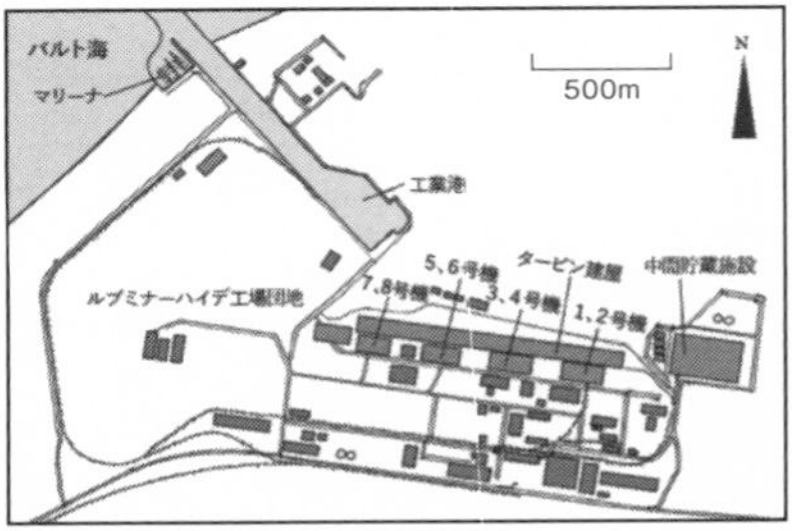

図9：グライフスヴァルト原発の施設配置

（2）即時解体の選択と地域再生計画

事業者ＥＷＮは、原発建設労働者約１万人と運転技術者約６０００人を擁する地域最大の国営企業だった。旧東ドイツ地域にはもうひとつラインスベルク原発1基があり、あわせて5基で東ドイツの電力の11％を賄っていたが、前述のように建設は即時中止、稼働原子炉は閉鎖された。ＥＷＮもこの決定を受け入れ、翌91年、５基の廃炉が決まった。これは、当時のヨーロッパおよび全世界を見渡しても例を見ない規模の廃炉決定だった。当然だが、ＥＷＮは、廃炉に関して、参考となるデータやノウハウをきわめてわずかしか持っていなかった。挑戦課題の第一は、住民と環境に対する安全の確保だった。

廃炉と解体に必要な労働力は約１３００人である。原発の閉鎖で売電収入が断たれ、ＥＷＮは大量の解雇を余儀なくされた。従業員数はのちに７９３人（２０１4年9月）まで大幅に縮小された。

グライフスヴァルト原発の閉鎖関連事業は、大きく三つに分けて見ることができる。①「廃炉」と②「放射性廃棄物の処理と貯蔵」は国営事業、③廃炉作業で占有されていない原発サイト（敷地）は一部解放して収益事業を図ること、である（図10）。解放区域に整備された工業団地は、原発に代わる新エネルギーの育成が目指された。この三つの事業の展開をそれぞれ追っていこう。

廃炉と放射性廃棄物の処理と貯蔵が国営事業となったのは、東ドイツでは廃炉費用が積み立てられていなかったからである。２０００年、ＥＷＮ社は財務省が１００％出資する会社へ転

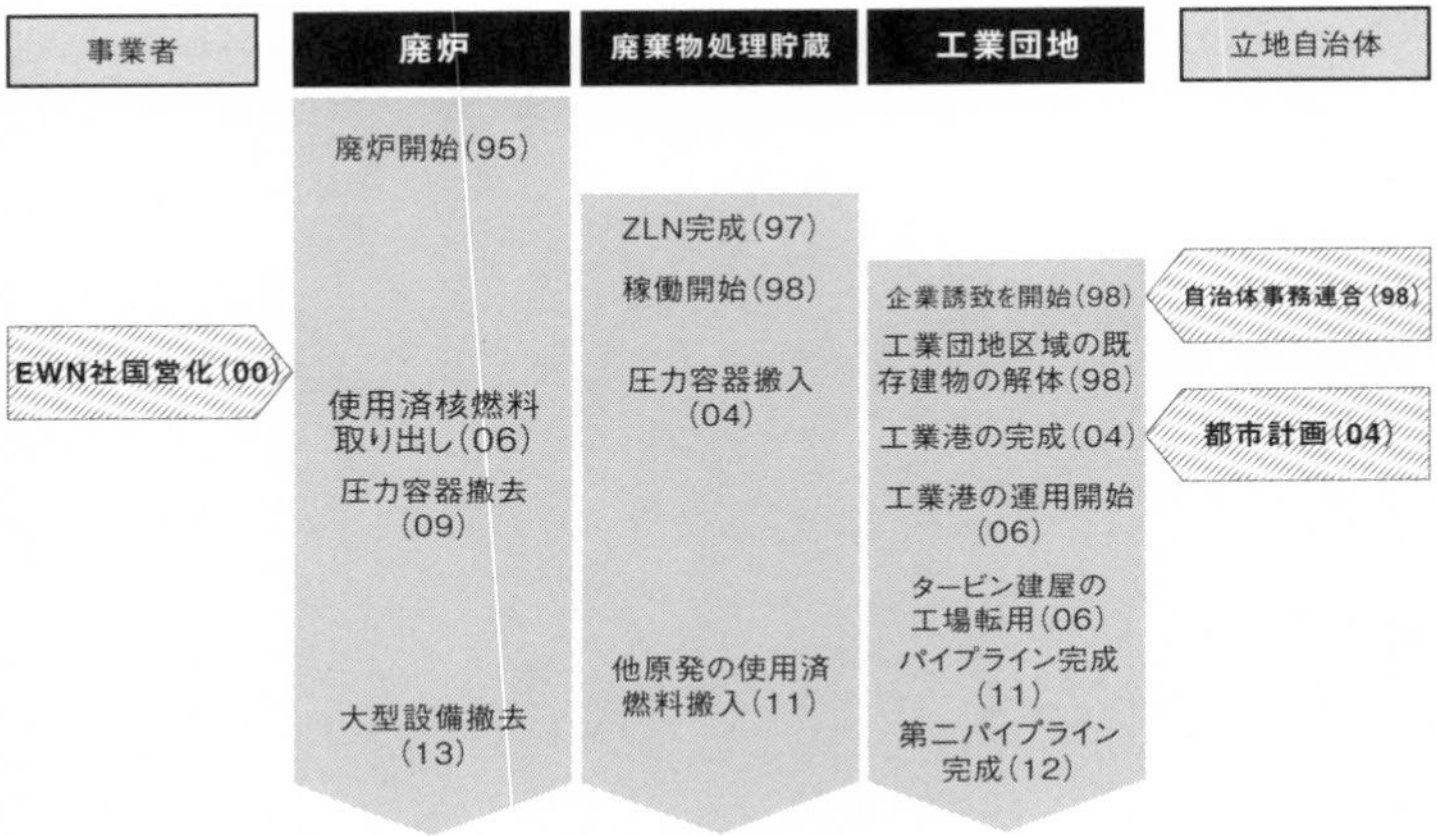

図10：立地自治体とEWN社の地域再生策

換され、連邦政府が廃炉と処理、貯蔵の責任を負い、費用のすべてを負担することになった。

廃炉は即時解体方式が採用され、１９９５年から解体が開始された。閉鎖後一定の期間をおく遅延解体方式を採れば、運転技術者を大量に解雇しなければならない。この方法では、雇用不安が広がり、地域社会にもたらす影響が大きく、解体技術の継承も困難になる。即時解体は、解雇者をできるだけ少なくするとともに、技術の継承展開を図るために採られた選択だった。また、予算上、施設の完全解体と更地化は困難なため、この後に述べる工業団地の整備計画を念頭に置きつつ、利用できる建物はできるだけ利用することが目標とされた。

建物の再利用は、タービン建屋がその例である（図9）。原子炉1〜8号機の背後に建てられ

タービン建屋を転用した工場（2017年9月、筆者撮影）

た長さ1㎞におよぶ天井の高いこの建築物は、原子炉建屋との絶縁、設備撤去、除染の後、工場に転用された。風力発電用風車の組み立てや大型船舶部品などを生産するリープヘル社が、この旧タービン建屋に入居した。同社にとっては、タービン建屋の大容量空間と高い天井、そして工業港（後述）が工場に隣接していることが重要だった。

放射性廃棄物の処理と貯蔵事業については、1994年、EWNが中間貯蔵施設を運営する子会社を設立し、96年に施設完成、99年に稼働が開始された。

三つ目の原発サイトの収益事業は、廃炉事業に占有されない不動産を処分できる民営化法の適用を受け、工業団地が計画された。1998

年、ルブミン、ルーベノウ、クレスリンの3地元自治体は自治体事務連合を組織し、2004年、ルブミンはサイト開発の法的根拠となる地区詳細計画（工業と商業地域ルブミナーハイデ土地開発計画）をEWN社とともに策定した。計画区域はサイト西部の「く」の字型の約172haである（図9）。

2004年、自治体事務連合は、原発の冷却水放水路を工業港に改築した。海上輸送で国内の他港をはじめ、スカンジナヴィア諸国、ポーランド、ロシア、バルト諸国などとつながるという立地特性を生かそうとしたもので、30を超える企業誘致に成功した。なかでも、ロシアの天然ガスを海底パイプラインでルブミンに輸送しEU市場へ供給するノルド・ストリーム社がここに拠点をおいたことの意味は大きく、2011年、同社の事業が開始されると、ルブミンの財政は急速に改善に向かった。

EWN社の廃炉と放射性廃棄物の処理貯蔵、自治体事務連合やルブミンの各種事業へは、連邦政府が中心となって補助金を出し、一部EU、州政府も支援した（表10）。連邦政府は、EWN社が国家事業として行う廃炉、放射性解体物の処理・貯蔵、および工業団地整備に対し、2430億ユーロあまりの経済支援をした。同様に、自治体事務連合へは工業港の改修に対し、ルブミンにはマリーナ整備に対して補助した。EUと州政府は、自治体事務連合へ、工業団地への企業誘致に対して経済支援をした。マリーナ整備については6項の観光振興策で述べる。

表10：EWN社、自治体事務連合、ルブミンへの経済支援

事業主体	事業内容	補助機関	補助金額(ユーロ)
EWN社	原子炉解体と再利用整備	連邦政府	30億
	中間貯蔵施設の建設と稼働	連邦政府	2,400億
	工業団地用地の除染、整備	連邦政府	3,700万
自治体事務連合	工業港への改修	連邦政府	4,500万
	工業団地への企業誘致	EU、州政府	4,500万
ルブミン	マリーナ整備	連邦政府	(不明)

出所:各種資料より筆者作成

(3) 巨大な中間貯蔵施設と住民の受け止め方

サイト内に建設された中間貯蔵施設は、放射性解体物の処理と一時貯蔵・中間貯蔵を行う施設で、奥行241m、幅166m、建築面積4万6㎡、高さ18mの巨大な構造物である。内部は幅方向に8等分され、幅20m、奥行241mの細長いホールが並んでいる。ホール7は蒸気発生器、ホール8は使用済核燃料のキャスクが貯蔵されている。ホール7まで見学できるが、ホール8は厳重に管理されている。

この施設が貯蔵するのは、グライフスヴァルト原発の放射性解体物だけではない。政府決定により、2011年からドイツ国内の他の原発から出た解体物も搬入されている。貯蔵年限は40年、その期限は2034年だが、最終処分場はまだ決まっていない。解体物の搬入が続き貯蔵が長期化すれば深刻な地域課題になるだろう。

2018年1月、この課題に関して筆者がルブミン住民を対象に行ったアンケート調査では、地元原発サイト内に中間貯蔵施設を設置することを7割が許容しているが、施設の安全性を信頼しているのは6割だった。7～8割の住民が、他原発の放射性解体物受け入れにも、法定年限40年を超える貯蔵にも反対していた。

（4）ルブミンの財政改善

ドイツの自治体税収には、企業の利益に対する営業税、農業用地に対する不動産税A、建物の土地所有に対する不動産税Bなどの市町村税と、職をもつ住民と家族数によって算定され州から配分される所得税、付加価値税などがある。

図11に、1998年以降10年間のルブミンの税収推移を示した。1998年では所得税が営業税より多かったが、その後、営業税が大きく伸張して2007年にはほぼ同額となった。9年の間に、営業税は6万強ユーロ（1998年）から約28万ユーロ（2007年）へ4倍以上も増加した。

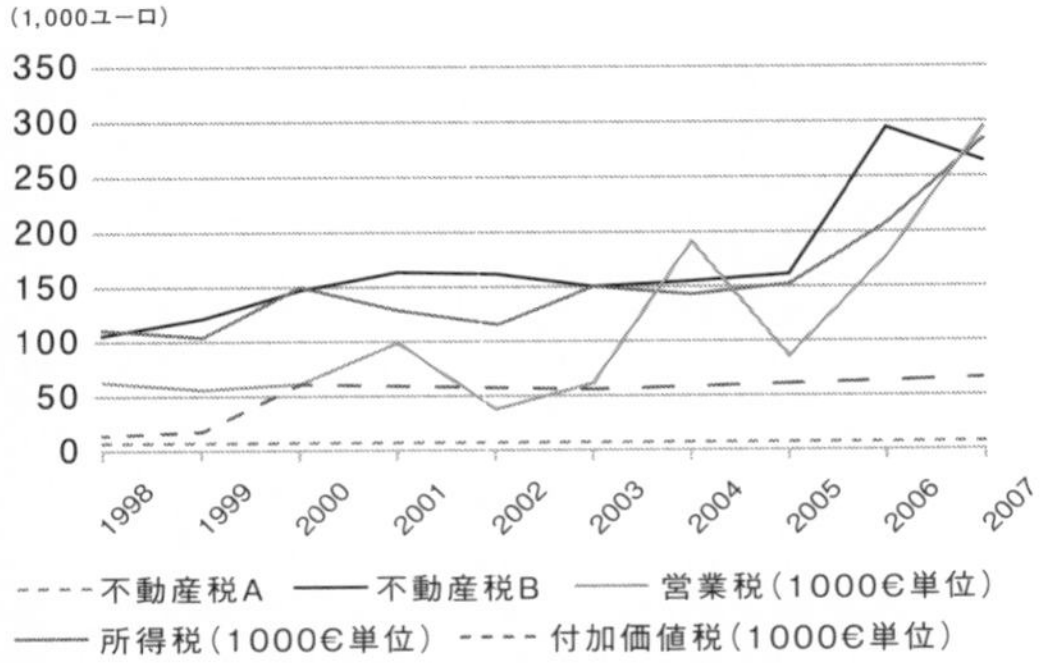

図11：ルブミンの各種の税収推移

出所:Helmut Klüter(2009)“Optionen für den Standort Lubmin auf der Sicht des Wirtshaus-und Socialgeographie”

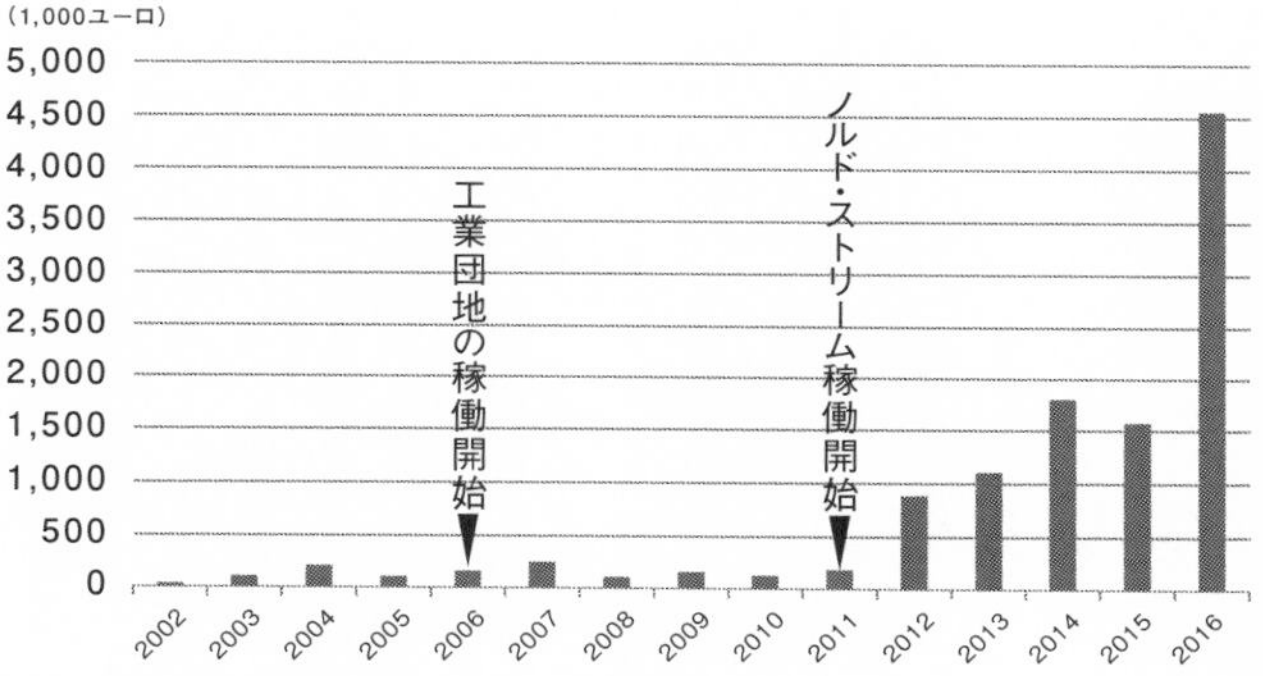

図12：ルブミンの営業税収入の推移

出所:ルブミンの提供資料より筆者作成

近年の増加が著しい営業税について、さらに長いスパンでその推移をみたものが図12である。２００６年、工業団地の供用が始まり、２０１１年、ノルド・ストリーム社によるロシアからの天然ガスの海底パイプ輸送が開始すると税収は飛躍的に伸びた。結局、２００２年の４・65万ユーロから２０１６年の４５５万ユーロへと、14年の間にほぼ１００倍となった。

一方、所得税収も、１９９８年（10万ユーロ強）から２０１７年（68・7万ユーロ）の19年間で6倍以上伸びた。次項で述べるように、この間ルブミンの人口増は著しかったが、それは労働力人口の増加をともなっていたからである。２０１７年のルブミンの税収構成をみると、営業税（62・1％）、続いて所得税（20・3％）で、営業税収入が圧倒的に多い（２０１７年9月現在）。

地元紙『オストゼー新聞』は、ルブミンの財政状態について、フォアポンメルン＝グライフスヴァルト郡内140の市町村の圧倒的多数が「やや危険」または「危険」と評価されるなかで、ルブミンは「安全」と評価される数少ない自治体の一つであることを報じた（2014年2月25日）。同紙は、住民一人当たりへの税金投入額も算出し、ルブミンは郡全体の中でもとりわけその額が大きいことも示した。

（5）ルブミンの人口変化

ルブミンの人口は、閉鎖決定後しばらく停滞したが、1994年から増加に転じた。2019年の人口は、1990年に対して40・0％の増加となった。旧東ドイツ地域全体の人口が14・9％の減少（1990年に対する2015年）だったことと照らし合わせると、ルブミンの人口増は目覚ましかった（図13）。

　これは、原子炉閉鎖にもかかわらず、ルブミンに来住した人が多かったことを示すものだが、人々は、い

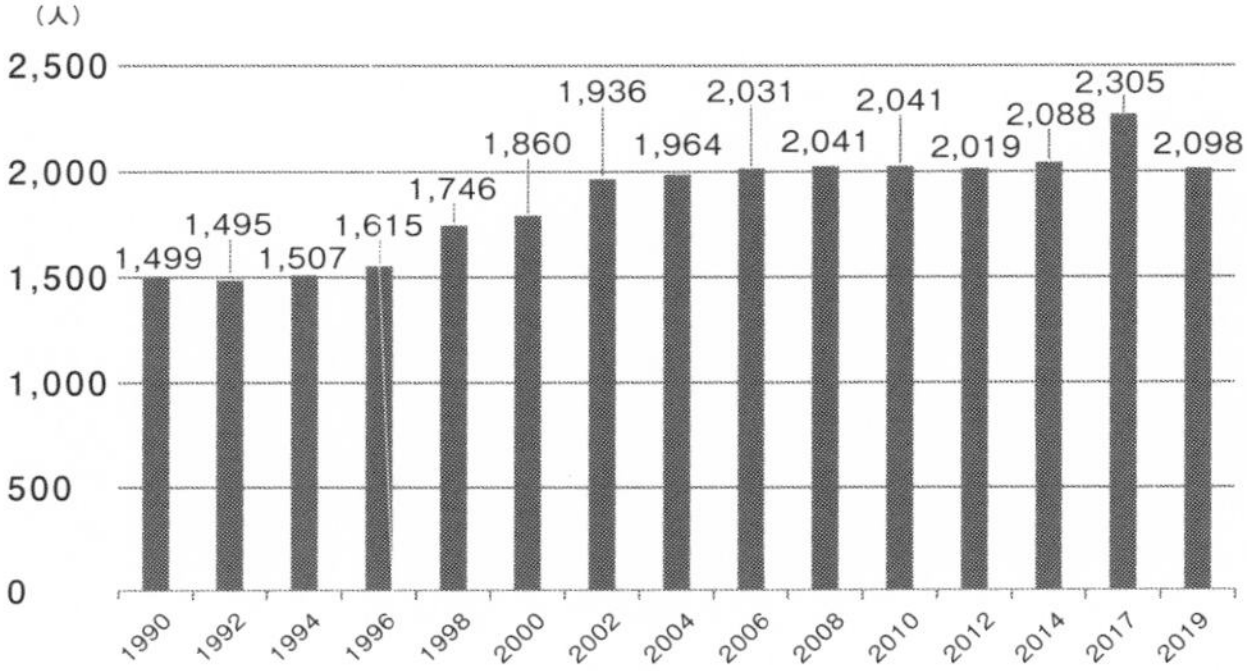

図13：ルブミンの人口推移

つごろ来住したのか、どういう理由で来住したのか。この点について、2018年1月、筆者が住民におこなったアンケート調査の結果を見てみよう。

このアンケートでは、住民の来住時期を五つに区分した。「1973年以前」(原発の稼働開始より前)、「1974〜90年」(原発の稼働期、17年)、「1991〜2000年」(閉鎖決定から中間貯蔵施設の稼働までの10年)、「2001〜10年」(工業団地と工業港供用の開始から10年)、「2011年〜」(その後、7年)である(アンケートの回答数は207)。

調査時点で、原発の稼働開始より前から居住している住民21・3%、原発の稼働期の来住8・6%、閉鎖決定から中間貯蔵施設の稼働までの10年間の来住23・9%、工業団地と工業港の供用開始から10年間の来住22・3%、その後の来住23・9%である。1991年以後の来住者が全体の7割に達しており、現在、ルブミンの住民の多数派は閉鎖決定後の新住民である。その新住民のなかでも2011年以降の来住者の割合がもっとも高い。要するに、来住者は、近年になるほど増えている。

統計を見ると、1990年の人口は1499人。1990年1月から2017年9月までの約27年間に転入4063人、転出2294人だった。この間の住民の転出入が著しかったことを示しているが、転入者の方が転出者より圧倒的に多かった。

では、なぜ人々はルブミンに来住したのだろうか。原発閉鎖後の1991年以降の来住者に

ルブミンの家並み（2017年9月、筆者撮影）

聞くと、「ルブミンの自然環境が気に入ったから」（39・9％）、「ルブミンに良好なインフラが整備されているから」（31・9％）が多かった。

職業関係では、過去にEWN社に勤務していたのは53人（25・6％）で、現在もEWN社で勤務しているのは3人である。現在、EWN社に勤務しているのは、前記3人を入れてわずか5人。アンケートに回答したルブミンの住民は、EWN社とは関係がない人々が圧倒的多数だった。回答者自身またはその家族が工業団地の企業に勤務している人も少ない。現在、回答者自身または家族が団地企業に勤務しているのはわずか10人（4・8％）である。

要するに、新住民の圧倒的多数は、EWN

社や工業団地の企業とは関係のない人々で、その少なくない人々は、ルブミンの住環境など居住地要素によって来住した。豊かになった財政で、ルブミンはインフラを整備し町並みも美しく整えたのである（写真）。筆者は、ルブミンでの調査を終えてベルリンに戻るバスで、途中で通過する村や町をいくつも見ながら、人々を惹きつけるルブミンの住環境の質の高さがよくわかった。

（6）観光の振興策

冒頭で述べたように、ルブミンの原発以前の産業は観光である。ドイツ統一後、旧東ドイツ地域の人口流出と地域経済の低迷、同地域の人々の海外旅行が可能になったことなどによって、ルブミンへの保養・観光客の足は途絶えた。再び人々がルブミンへ足を向け始めたのは１９９２年、この地域を一度離れた人が戻ってきた頃である。

ルブミンは観光の振興を目指して、海岸の自然環境の保全と砂浜の維持、観光ルートの敷設、歴史的遺産の開発、さらに工業港の築港工事の作業船の回転場を活用したヨットの停泊場マリーナを整備した。マリーナには船上レストランやキャンプ場が併設された（写真）。

宿泊施設の営業が成立するようになり、ホテル2軒、ペンション1軒が開業、貸別荘も増加した。これらを合計するとルブミンのベッド数は８００強になった。5月から9月の夏季に訪れる観光客の宿泊件数は統計によれば、２００６年の３・７万件から２０１４年の５・６万件へと、８年間で51・４％増加した。

別荘も増えた。都市の富裕層の別荘である。その数は家族数にして８０００人を超え、ルブミンの人口２０００人あまりに対して３倍以上である。ルブミンは、都市住民の魅力ある別荘地にもなったのである。

ルブミンの砂浜とマリーナ（2017年9月、筆者撮影）

ルブミンの観光事業者４人（ホテル経営者、貸別荘経営者、旅行代理事業者、マリーナ船上レストラン経営者）へのインタビューでは、いずれも事業は好調だという。放射性解体物の中間貯蔵施設に関しては、来村する観光客は、施設が観光地に隣接して設置されていることを知っており、観光に否定的な影響を与えていることはないという。ルブミンを訪れる観光客には中間貯蔵施設の安全性は信頼されているとみられる。

ＥＷＮ社による廃炉ビジネスは各方面から注目され、ノルド・ストリーム社のプロジェクトⅡなどビジネス客による宿泊需要の高まりを受けて、宿泊機能の拡大も計画されている。

住民は、ビジネス宿泊機能の拡大について、「技術的蓄積や知見を広めるチャンス」(62・8％)、「ルブミンの知名度が上がる」(32・2％)、「観光振興に貢献できる」(30・4％)など少なからぬ期待を寄せている(複数回答)。「期待はない」(9・0％)、「いかなる設備投資も不要」(7・0％)などの否定的意見はごく少数にとどまった。

原発閉鎖後、一時停滞したルブミンの観光は、地域経済の回復とともに近年大きく改善し、ルブミンもマリーナなど観光設備の整備をすすめてきた。住民は、廃炉事業と工業団地経営をベースにしたビジネス需要に応える宿泊機能拡大へも期待を寄せている。

〈廃炉地域を守る制度の知恵〉
サイト解放後の地域ビジョンを描く

ルブミンは、ドイツ統一時、グライフスヴァルト原発5基の閉鎖という連邦政府の決定を受け入れた。閉鎖は、原子炉に格納容器がないという、ドイツの安全基準上決定的に重大な事由と、当時の旧東ドイツ地域における電力需要の減少という経済事情によるものだった。

閉鎖決定から17年、ルブミンが取り組んできた事業の成果は、「ルブミンの奇跡」と評された。この「奇跡」には二つの意味がある。一つは、西へ向けた人口の大量流出が止まらなかった旧東ドイツ地域で成し遂げられた奇跡的な経済的成功であること。二つ目に、原発サイト（敷地）を再開発して工業団地にし、奇跡的に収益事業を成功させたことである。

閉鎖は、前述のようにきわめて合理的な判断であったし、フォクト村長によれば、閉鎖に反対する住民は当時ほとんどいなかったという。しかし、ルブミンは、政府の閉鎖議論に十分に参加できないまま、トップダウンで立地地域から廃炉地域に一転させられた。原発という村の基幹産業を突然に失ったルブミンは、なんの準備も計画もないまま様々な課題、すなわち財政支援、離職者支援、新たな産業振興支援、企業誘致、基盤整備、観光業振興などに直面することになったのである。

ルブミンとEWN社はその後、旧東ドイツ地域の復興のためにつくられた制度と基準の適用を受けて、地域課題の解決に向け工業団地への道を切り開いていった。その道程は三段階で説明できる。

第一段階がサイト解放である。サイト解放とは、IAEAによれば、廃炉が終了した原発サイトを放射線防護の要件から規制を解き、サイトを自由に利用できる状況にすることをいう。グライフスヴァルト原発の場合は、廃炉作業に占有されない区域が原子力法による規制から解放された。サイト解放にあたっては、ルブミンが地域の都市計画を策定することが前提とされた。

第二段階は、建設法典の事業・地区整備計画制度（民間事業者が地域の都市計画策定に参加できる制度）の適用である。ルブミンは、EWN社とともに解放された区域に工業団地を整備する都市計画を策定した。民間事業者が地域の都市計画の策定に参加するというこの制度は、日本にはないもので、当該事業者の参加で、事業者に有利な計画が導かれるリスクを多分にはらむ制度である。ルブミンは、住民アンケートを実施して意見を集約することでこのリスクを避けることとし、EWN社とともに計画を策定した。

第三段階は、民営化法（国営企業の民営化に関する法）の適用である。EWN社は、同法によって解放された区域で収益事業ができるようになった。こうして、同社は解放区域に工業団地をつくるための既存建物撤去、道路などのインフラ整備に対して、ルブミンはじめ3立地自治体でつくる自治体事務連合は工業港の整備と企業誘致に対して、連邦政府、州政府、EUから経済的支援を受けることができたのである。

ドイツは、福島第一原発事故を教訓にして脱原発を最終決断し、いま、化石・原子力から自然再生エネルギーへ、を標榜する「エネルギー転換」を意欲的に進めている。ルブミンとEWN社による工業団地への大胆なサイト転用計画は成功し、天然ガスパイプライン、風力発電用風車の組み立て、バイオオイル生産などの企業が操業するようになった。工業団地は、ドイツのエネルギー転換政策を体現し、原発立地地域の再生モデルの一つを示すことになった。

さて、ルブミンを再生に導く基盤となった前記二つの法制度は、ドイツ統一という特殊な政治状況のもとで整備されたもので、残念ながら日本に直接取り入れられるものはない。ここでは、ルブミンの取り組みから私たちの教訓となるものを考える。

表11：欧米4か国のサイト解放基準

	サイト解放基準
アメリカ	0.25mSv/年を超えないこと(代表的個人)、事業者は合理的に達成可能な限り低く(ALARA*)を実証する
フランス	事業者は、解体後の施設とサイトの放射線影響について、IAEAの安全指針WE-G-5.1に照らして、事業者の目標の妥当性を証明すること(明示された基準はない)
ドイツ	土地や建物がクリアランスレベル以下
イギリス	サイトに残留する放射性物質からの電離放射線によるいかなる危険も生じないこと(No Danger)、サイトを使用する個人が受ける年間死亡リスク1/100万人以下であること国内の使用済燃料再処理施設・貯蔵施設に移送を予定

出所：「原子力施設のサイト解放基準について(案)」、「第27回廃炉等に伴う放射性廃棄物の規制に関する検討チーム」配布資料、原子力規制庁、2017年11月2日
*As Low As Reasonably Achievable

まずは、サイト解放から論を起こそう。グライフスヴァルト原発では、フォクト村長によれば、閉鎖とほぼ同時期にサイト解放がなされた。日本では、サイト解放基準は制定されておらず、いまだ「案」にとどまっている。これに対し、アメリカをはじめとする欧米諸国では表11のように定められている。

今後、世界で廃炉が増えることは明らかで、IAEAはこれを踏まえてサイト解放基準の制定を勧告している。しかるに、日本ではなぜサイト解放基準の制定が遅れているのだろうか。国の考えを確認しよう。

福島第一原発事故後、「原子力利用

に関する基本的考え方」（「基本的考え方」）が、それまでの「原子力政策大綱」に代わって策定された。「基本的考え方」には、国が過酷事故の教訓をどのように捉え、今後の課題として何を提示するかが期待された。しかし、ここで記述されたのは、社会的信頼の回復、地球温暖化問題に対する原発への期待、電気料金の上昇への対応などで、今後各地で増える廃炉についてその展望と課題、立地地域への対応についてはまったく記述されなかった。

ただし、一か所だけ立地地域に向けた記述がある。「関係者は、このことを踏まえて、立地地域の発展についての地域社会のビジョンを理解し、その実現に対する当該地域の取組を支援し、参加する」。原発事業者は立地地域のビジョンを理解し支援するというのである。しかし、原発事業者が地域社会に示す理解と支援には前提がある。それは、原子力の研究、開発および利用の継続である。

要するに、国の原子力政策は、原発事故を経験した後もなお、立地地域の原発サイトを永続的に原子力のために利用することを前提にしている。廃炉が完了しても、サイトは解放せず、放射性廃棄物の貯蔵や原発の新設のために継続利用することを念頭においているのであろう。

ここで確認しておきたい。原発運転の法定年限が来れば、必ず廃炉が決まる。もちろん、場合によってはそれ以前にいろいろな理由で決まることもある。日本に存在する17の原発サイト（建設中を除く）は、いずれ順次廃炉サイトとなる。

再度、サイト解放とは何かを確認しておこう。サイト解放とは、廃止措置終了後、土壌や残存する建物からの放射線による障害を防止し、サイトの自由な利用を可能にすることである。サイト解放の成果は、原子力施設による利用からサイトが解かれることであり、長らく自分たちの生活環境から遠ざけられていた環境が地域に戻されることである。

世界には、サイトが、緑地をはじめ住宅地、火力発電所、工場などへ転用された例がある。本節でみてきたグライフスヴァルト原発では、工業団地への転用計画がたてられ、これが成功してルブミンの地域再生を導いた。

廃炉後のサイトをどうするかは、すぐれて地域の将来にかかる問題なのである。サイトを所有する電力事業者だけの問題ではない。それなのに、国は、ＩＡＥＡの勧告を受けながらもなお、原子力政策にサイト解放を明記せず、サイト解放基準の制定を遅らせ続けている。これは立地地域にとって何を意味するのだろうか。

それは、地域のあり方を決める主体である立地地域が、廃炉時代の地域課題に挑戦して未来を切り拓くのを遅らせる、ということである。いま、原発と化石から自然再生エネルギーへと転換する世界的潮流が起こっている。その中で、国が、立地地域の廃炉後のあり方転換の後押しを阻み続けるなら、各地の立地地域は日本の中で、そして日本は世界の中で、大きく取り残されるだろう。

廃炉時代における立地地域の自立を促すために、国はまず、サイト解放基準を速やかに制定してエネルギー政策に明記するべきである。立地地域の次の時代を展望するために必要なことなのである。

茨城県東海村を例にあげ、立地地域にとってサイト解放とは何をもたらすものなのかを具体的に考えてみよう。太平洋に面する東海村の原子力サイトは、かつては広大な砂丘だった。大正期から国家事業として進められた植林でできた国有県有の砂防林は集落の入会地として利用されてきた。そこへ、日本原子力研究所の設置が決まり、続いて日本原子力発電の東海原発設置が決まった。１９５０年代後半のことである。以来、集落の住民は砂防林に立ち入ることができなくなった。

ここで改めて、ルブミンがサイト解放決定を受けて取り組んだことを思い起こそう。ＥＷＮ社とともに解放区域にかかる都市計画を策定したこと、その計画の核心はバルト海沿岸の各都市と海でつながっているというサイトの立地特性を生かした工業団地整備だったことを。

東海村のサイトが解放されれば、原子力施設によって長らく遠ざけられていた防砂林と砂浜が地域に戻される。その時、住民は、それらは村の大切な資源であることに気づくだろう。この地域資源をもとに原発のない地域の次の展開を思い描ける。さらに発展させれば、より具体的な地域再生計画の議論へとつなげられる。

立地地域には、どんな地域資源がありそれらはどんな生かし方ができるか、いま地域ビジョンの市民的議論を起こしていく時にある。

参考文献

乾康代、齊藤充弘、中田潤（２０１６）「原子力発電所の廃炉後の跡地利用と地元の町の再生―ドイツ、旧グライフスヴァルト原発の事例研究―」『日本都市計画学会 都市計画論文集』51-3

乾康代、中田潤（２０１９）「ドイツ・ルブミンの地域再生の実態と教訓―グライフスヴァルト原発の廃炉と立地地域―」『日本都市計画学会 都市計画論文集』54-3

乾康代（２０１８）『原発都市　歪められた都市開発の未来』、幻冬舎ルネッサンス新書

Axel Vogt (2012) "Reaktorunfall Fukushima / Japan Bezüge zum abgeschalteten und im Rückbau befindlichen Atomkraftwerk bei Lubmin / Deutschland"（村政広報、２０１２年6月）

Matthias Lietz (2000) "THE CASE OF NPP GREIFSWALD' PROMISES AND REALITIES AS SEEN FROM A REGIONAL POINT OF VIEW", Group of European Municipalities and their Futures

コラム6

国による地域再生支援
英国原子力廃止措置機関

原子力発電事業に依存してきた立地地域は、特別な緩和策がなければ、原発閉鎖後、比較的短期間で税収・雇用の減少など経済・社会的な影響にさらされる。廃炉事業それ自体は、それまでの原子力発電事業に代わる安定した雇用の受け皿、税収基盤にはならない。それは、ここまで紹介した各国の立地地域の事例からも明らかだ。さらに市場原理で廃炉ビジネスが進めば、廃炉事業者が「低コスト化・利益の最大化」を志向し、地域と住民の長期的な利益は重視されないこともある（ケーススタディ2、ザイオン市と廃炉事業者Zion Solutions社）。

原発跡地の環境回復や使用済燃料管理も含めれば、「原発廃炉」は立地地域に数十年以上の長期的な影響を及ぼす。立地地域の自助努力だけで、これら「廃炉」の影響に対応することは難しく、国の責任による長期的な支援・影響緩和策は欠かせない。廃炉時代の地域の社会・経済再生に国がどう関わっていくかというテーマは、日本でも今後議論が必要になる。その参考例として、英国の原子力廃止措置機関（NDA）による立地地域再生策の取り組みを紹介しよう。

廃炉の長期的責任を負い、地域再生に取り組む国家機関

英国の原子力廃止措置機関（NDA）は、2004年エネルギー法によって設立された国家機関である。当時、国有時代（～1989年）の原子炉が運転終了時期を迎え、これらの廃炉のための国の財政責任を明確にする必要が生じていた。長期（100年以上）にわたる廃炉実施に責任を持ち、知見・技術を集約するための国家機関として、NDAは設立された（2005年4月）。

しかしNDAは単に対象施設の廃炉を実施する国営廃炉事業者ではない。NDAの役割には、周辺地域社会への社会・経済的支援が含まれている。2004年エネルギー法によれば「指定の施設やサイトなどの近くに住むコミュニティの社会・経済生活に益する活動の支援」「それらコミュニティに環境上の便益を生み出す活動の支援」もNDAの役割である。この意味で、NDAは「廃炉時代」の地域社会政策を担当する機関でもある。

廃炉事業に依存しない地域経済を目指す

2020年時点で、NDAは英国内の17の原子力施設での廃止措置を担当している。それらの廃炉関連事業では合計約1万6000人が雇用されており、NDAとその傘下組織は各地での一大雇用主でもある。NDAは立地地域企業の製品・サービスを活用するための事業説明会を開催し、廃炉関連企業を立地地域に誘致する取り組みも行っている。

しかしＮＤＡの地域経済支援は、廃炉事業を通じたものにとどまらない。むしろ、中長期的に「廃炉事業に依存しない」地域経済を創るための支援を重視するところにＮＤＡの特徴がある。

ＮＤＡの「地域経済・社会インパクト戦略」[1]（２０２０〜26年）では、「廃炉事業への依存度を低減し、廃炉事業が終わる際に地域がうける衝撃を緩和する」ことが目標の一つとなっている。

ＮＤＡは、廃炉事業による地域経済への好影響が一時的であることを指摘する。たとえばＮＤＡが担当するトロースフィニッド原発（ウェールズ北西部）廃炉事業では「２０１５年のピーク時には７００人が働いていたが、２０２０年時

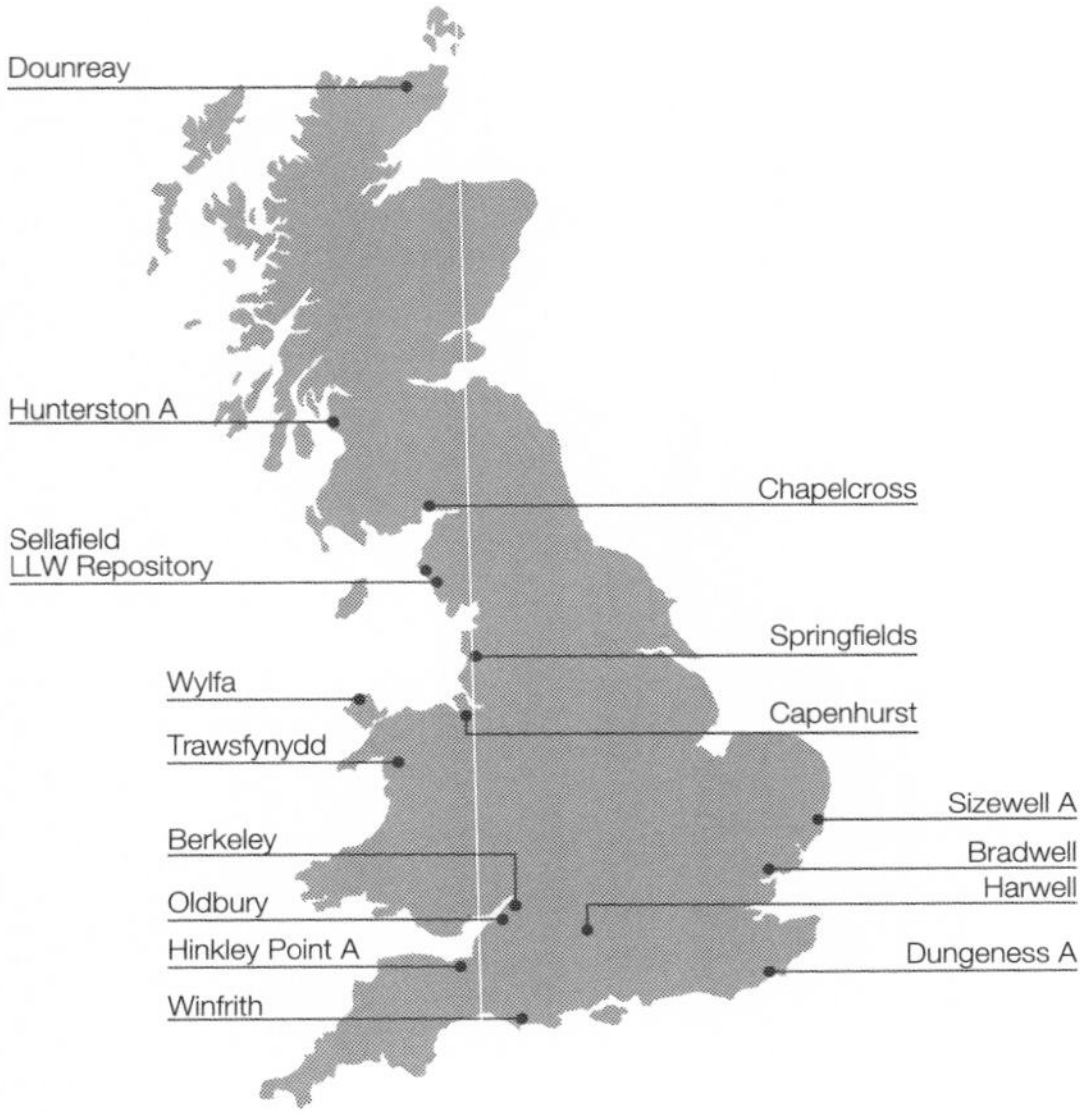

図14：NDAが保有・管理する廃炉対象原子力施設

出所:NDA

点での従業者数は160人にとどまる」(上記戦略)。これに対し、NDAは、この原発周辺地域で「廃炉事業」以外の産業・雇用創出プロジェクトを支援するとしている。トロースフィニッド原発が立地する国立公園における新事業を優遇するEnterprise Zone計画や再生可能エネルギープロジェクト、観光振興のための鉄道路線拡張などが主な支援対象である。

地域主体の再生にむけて

国家機関としてのNDAの役割には「周辺地域コミュニティの社会・経済活動支援」が含まれる。原発閉鎖の影響を受ける立地地域から見れば、国からの長期的な社会・経済的支援が保証されているということになる。

その一方、国家機関が直接関与することで、コミュニティ・住民自身が主体となった「地域づくり」が阻害される懸念もある。NDAは地域経済・社会支援戦略の策定にあたり、各地域の経済団体や議会などと連携して、支援対象プロジェクトを決定している。たとえば前出トロースフィニッド原発立地地域でのEnterprise Zoneは、NDAと地元グウィネズ郡議会が共同で推進するプロジェクトである。原発跡地の利用方針についても、NDAは地元関係者の協議を求め、地元からの意見を検討している。しかし政策決定にあたってNDAには、これら地域コミュニティの意見を取り入れる義務があるわけではない。

ＮＤＡが地域経済・社会に益するとして支援するプロジェクトが、立地地域から歓迎されないこともありうる。トロースフィニッド原発立地地域では、ＮＤＡが支援対象とする経済プロジェクトの一つに小型原子炉開発計画がある。しかし一度原発閉鎖を経験した地元住民の間では、小型炉とはいえ原発新設に反対する声がある。このように地域コミュニティから批判的な意見がある場合に、どのようにその意見を検討し、支援策に反映させていくのか。「地域コミュニティの利益となる経済活動を支援する」ことがＮＤＡの役割である。プロジェクトの選定にあたり、住民参画を保証するための仕組みづくりも課題となる。

1　NDA (2020) "Local Economic and Social Impact Strategy 2020 to 2026"

第1部まとめ

原子力発電所が閉鎖され、「廃炉」と呼ばれるプロセスが進むなかで、周辺地域住民はどのような問題に直面するのか。その問題に対応するために、立地自治体や中央政府はどのような取り組みをしてきたのか。日本よりも先に原発廃炉時代を経験した海外の立地地域の事例から探ってきた。

もちろん国の制度の違いや、立地自治体のもともとの財政状況・産業構造によって、「廃炉時代」の問題のあらわれ方は様々である。たとえば、税収の半分を原発からの固定資産税（財産税）に頼る状態で廃炉を迎えたザイオン市（ケーススタディ2）などは、極端なケースと見ることもできる。

しかし背景も規模も異なる海外の廃炉原発立地地域の経験から、共通して見える課題もある。第1部のまとめとして、廃炉先行地域の経験をもとに、日本でも前もって議論し、備えておくべき課題を整理したい。

（1）「廃炉」は地域産業にはならない

各国の経験から共通して言えるのは、「廃炉事業」は立地地域にとって長期安定的な税収や雇用をもたらす「産業」にはならないということだ。日本では原発閉鎖後の地域経済をめぐる議論において、新産業としての「廃炉ビジネス」に期待を寄せる声がある。原発廃炉には一般的に数十年かかると言われ、廃炉費用は数百億円～数千億円とも見積もられる。ここから原発閉鎖後も数十年間は「廃炉ビジネス」による地域への経済効果が期待できる、とする。[1]

しかし海外の廃炉先行地域の事例を見ると、少なくとも雇用創出効果や事業継続期間の面で「廃炉事業」にそれほどの期待はできないことが分かる。ピルグリム原発（ケーススタディ３）では、２０１９年原発閉鎖時に５８０人いた従業員数が、約１年半後の２０２０年末時点では約１６０人に減少している。ドイツやロシア、英国の事例でも廃炉事業で雇用される人員数は、原発の閉鎖時点の従業員数よりも少なくなっている。原発内の施設解体が終われば、廃炉事業で雇用される人員数はさらに減少する傾向が見える。

米国ザイオン原発やピルグリム原発のように、他所に本拠を置く廃炉事業者が参入し、廃炉プロセスの「短期化・低コスト化」を進める事例も増えている。これら廃炉事業者は、当初計画よりも大幅に工期を短縮し、事業コストを削減することで利益の最大化を図っている。このような事業者が廃炉事業の主要部分を受注する場合、事業予算や事業期間は当初の見積もりよりも大幅に縮小される。そして立地地域の企業が持続的に廃炉事業の恩恵を受ける可能性はより小さくなる。

「廃炉」は、いわば産業施設の解体事業である。廃炉を通じて開発された技術や製品が新たな産業の芽になることはあっても、「廃炉」それ自体は長期安定的な地域産業にはならない。廃炉地域の経済再生に取り組む英国の政府機関NDA（コラム6）が、「廃炉事業への依存度を低減し、廃炉事業が終わる際に地域がうける衝撃を緩和する」という方針を掲げていることから大いに学ぶべきだ。

（2）新産業創出には国が関与を

廃炉事業それ自体は立地地域にとっての持続的な新産業にはなりえない。とすれば、「廃炉時代」の立地地域が安定的な税収源や雇用の受け皿を確保するには、「原発」でも「廃炉」でもない新産業創出や企業誘致が求められる。

とはいえ、立地自治体が自前の財源だけ、地域内のリソースだけで原発に代わる新産業を生み出すことは難しい。海外の廃炉先行地域でも、政府や国営企業による関与なしに立地自治体が自力で経済再生に成功した例は見当たらない。

逆に、ここまで紹介した海外事例では、立地地域再建に政府機関や国営企業が関与する取り組みが、一定の成果をあげていることに注目したい。ドイツのグライフスヴァルト原発廃炉に際しては、国営事業者EWN社が廃炉と同時並行で工業団地計画を進め、廃炉事業以外の産業誘致に成功している（ケーススタディ5）。ロシアでは原子力産業依存都市の産業多角化のために、国営企業ロスアトム社が「経済発展区域」を運営し、対象地域への投資計画が次々に決まっている（ケーススタディ4）。英国では廃炉と並行して、立地地域の経済再建に取り組む政府機関NDAが設立され、各地で「廃炉事業に依存しない」産業育成が進められている。

これら廃炉先行国では、廃炉原発（あるいは原子力施設）立地地域の経済再生のために国の予算を投じ、政府機関や国営企業が直接的に関与する仕組みが作られてきた。米国で議論されている立地地域救済策（「座礁原発法案」ケーススタディ1）も、連邦政府（エネルギー省）を廃炉地域の経済再生に関与させる試みである。これまで連邦政府を地域再生に関与させる仕組みがなかったために、ウィスカセット町やザイオン市は孤立無援に近い状態で原発閉鎖後の危機を経験したとも言える。

原子力の国営・民営を問わず、海外では立地地域の経済再生に国の関与を強化する方向で制度づくりが進められてきた。日本でも廃炉決定した原発立地地域での新産業創出に、国が一定の責任を持つ仕組みを考えていく必要があるだろう。立地地域に「特区」を設定し企業誘致のための税制優遇を認める（ロシアATOM-TOR制度）、立地地域の経済再生支援に特化した基金を作る（米国「座礁原発法案」）など、国を関与させるやり方には様々な形がありうる。

ただ、ここで立地地域の経済再生に「国が関与する」というとき、二つの点に注意しなければならない。一つ目は、住民の意向や地域のそれまでの歴史を無視した中央からのお仕着せプロジェクトとなってはいけない、ということだ。グライフスヴァルト原発敷地内で工業団地を作る「都市計画」の策定には、国営EWN社だけでなくルブミン村が参加している。廃炉地域の再生に取り組む英国政府機関NDAは、支援する経済プロジェクトの選定にあたって地元議会を含む地域のステークホルダーとの意見交換を欠かさずに行っている。国に財政上の責任を持たせつつも、地域住民が新産業創出計画で主導権を握れるような仕組み作りが鍵となる。

もう一つの注意点は、国が予算を投じるにあたって「原子力以外」の産業を支援対象とする必要がある、ということだ。これまで原発関連の税収で優遇されてきた立地地域に廃炉決定後も国の予算を投じて支援をすることについては、そもそもの反発もある。[2]「廃炉地域に原発以外の産業を創りだす」事業と位置づけなければ、国の予算を投じることに広く納税者からの理解は得られないだろう。

(3)「廃炉時代」も続く原子力防災

廃炉決定後も、使用済燃料が立地地域に残される可能性は高い。さらに、その状態が数十年続くこともありうる。これも海外の廃炉先行地域の経験から、私たちが知らされる厳しい現実である。広大な国土を持つ米国でも使用済燃料の最終処分場は決まっておらず、廃炉中の原発敷地内、さらには廃炉完了後の原発跡地で使用済燃料の長期保管が続いている。原発閉鎖後の新産業創出に比較的成功したと評価されるドイツ・グライフスヴァルト原発のケースでも、使用済燃料を立地地域外に搬出する見通しは立っていない。

日本でも最終処分地の選定は難航している。各地の原発から使用済燃料を受け入れる集中中間貯蔵施設を作ることも簡単ではない。[3] 日本で廃炉決定した原発の使用済燃料がすべて短期間で立地地域外へ搬出されるということは考えにくい。むしろ、住民が予想するよりも長期間、廃炉原発での使用済燃料保管が続くことを想定しておく必要がある。

使用済燃料が地域に残ることがなぜ、住民にとって重要な問題となるのか。使用済燃料が残るということは、燃料損傷などの事故が起こるリスクも続くことを意味する。特に使用済燃料がプールに保管されている状態で事故が起きた場合、原子炉内の事故よりも周辺地域が受ける影響は大きいとされる。冷却済みの燃料をプールから敷地内の「乾式貯蔵施設」に移せば「もう心配はいらない」ということでもない。米国の廃炉原発立地地域では「乾式貯蔵施設」の耐震性や腐食リスク、さらには海面上昇による貯蔵施設への影響を考慮した追加の対策・検査が課されている。

つまり、廃炉決定しても、それは「その原発でもう事故が起こらない」ということではないのだ。廃炉決定後にも、不測の事態に備える周辺地域の防災体制を強化・継続していくことが必要になる。概して事業者は、廃炉決定した原発に対して、安全・防災上のコストをかけることに消極的である。廃炉事業者がどのくらいの期間、どのように使用済燃料を管理していくのか、周辺地域住民の側からも注視していく必要がある。

廃炉原発に対する安全監視を強め、地域防災体制を継続するマサチューセッツ州（ケーススタディ3）やバーモント州（コラム5）の取り組みから、原子力防災が「廃炉時代」にも続く地域の課題であることが分かる。

（4）地域からの廃炉監視に法的権限を

原発廃炉は「使用済燃料」の移送や管理など、事故リスクを伴うプロセスである。放射性物質で汚染された施設・設備の解体作業により、周辺地域や水域への汚染流出を引き起こすリスクもある。この意味で、原発廃炉は周辺地域に大きな影響を及ぼしうる工程である。

それにもかかわらず、地域住民が廃炉計画について意見表明する機会は少なく、廃炉事業者に情報公開を求める手段は限られている。再稼働申請中の原発事業者と異なり、廃炉事業者にとって「立地自治体や住民の理解を得る」モチベーションも持ちにくい。法律や協定で義務付けられていなければ、廃炉事業者が住民の求める情報を適時公開することは期待できないと考えるべきだ。そのため、稼働中の原発事業と比べても、廃炉事業は地域住民にとってより「不透明」なプロセスになりやすい。

米国の廃炉原発立地地域では、地域住民の視点で廃炉を監視し、廃炉計画に住民の意見を反映させるために、様々な仕組みを作っている。地域住民や州政府の担当者で構成する「市民助言パネル」を設立し、事業者や原子力規制委員会（NRC）に情報公開や追加の安全対策を求めていくのは、その一例である。政府の規制委員会による廃炉規制は、おもに敷地内の工程をチェックするにとどまる。「敷地外」の住民の視点を取り入れた常設の廃炉監視組織を持つことは、情報公開を保証するために、有効な方法の一つであろう。

しかし、このような住民参加型の廃炉監視が有効に機能するためには、その廃炉監視組織に一定の法的権限が与えられていることが条件となる。たとえば、ピルグリム原発廃炉市民助言パネル（ケーススタディ3）は州法が定める権限に基づき、事業者に定期的な報告を求め、住民や市民団体からの意見表明機会を作っている。それに対してザイオン原発廃炉コミュニティ助言パネル（ケーススタディ2）はボランティア団体としての位置づけであり、事業者に情報公開を求める力が弱いとされる。

イリノイ州は廃炉事業者に議会への定期報告を義務付ける州法を成立させ、住民に選ばれた議会が廃炉監視を行う仕組みを作った。カリフォルニア州（サンオノフレ原発、コラム4）では、州沿岸委員会が沿岸・海域保護の権限を利用して、廃炉工程の重要なポイントで事業者に追加の認可手続きを義務付けている。

「廃炉」は地域住民にとって「不透明」になりやすい。このことは特に強調しておきたい。それを前提に、日本でも地域住民が廃炉プロセスをチェックし、適時情報公開を求められるよう、実効性のある廃炉監視の仕組みを作る必要がある。

1 たとえば柏崎刈羽原発（新潟県）の廃炉事業への地元企業の参画可能性を検討した論考において「廃炉作業は数十年に渡ることから、もし、地域の企業が参加できる場合には、長期にわたり安定的な効果が期待できる」と述べられている。（金子秀光、高中公男（２０１９）「廃炉ビジネスと地域経済活性化の可能性―柏崎刈羽原子力発電所の廃炉又はリプレイスを見据えて―」『事業創造大学院大学紀要』10巻1号、85-１００頁）

2 ２０２０年8月自民党総合エネルギー戦略調査会は、原発立地地域の振興策として道路や港湾などインフラ建設を国が負担する「原子力発電施設等立地地域振興特別措置法（原発特措法）」の再延長を求める提言をまとめた。国の負担割合を現状よりも引き上げ、２０２１年3月末の期限を10年間延ばすというものである。この振興策では廃炉中原発も対象に含まれるが、廃炉時代を見据えた立地地域のための産業育成という視点が欠けている。従来のバラマキの延長になる、と反対する声も根強い。

3 ２０２０年12月、青森県むつ市の中間貯蔵施設について、電気事業連合会が原発を持つ各社による共同利用を検討していることが報じられた。この中間貯蔵施設は東京電力ホールディングスと日本原子力発電が出資して２０２１年操業を目指しているが、この２社以外の事業者が利用することについて地元の同意は得られていない。

第2部

日本の廃炉に備える

２０２１年１月時点で、日本の廃炉決定原子炉数は24基。この数は米国、英国、ドイツに続く世界４位であり、日本もすでに大量廃炉時代を迎えたと言える。

日本でも、廃炉時代に地域社会が直面する問題を想定した制度づくりが求められる。そのためにも、周辺自治体や地域住民が廃炉時代特有の安全リスクや社会課題を知り、地域の将来に関わる問題としてみずから争点化していく必要がある。

地域住民にとって原発廃炉は、防災上、環境影響上のリスクを伴う大規模事業である。地域防災や汚染防止対策は、原発閉鎖後も長く続く課題となる。それにもかかわらず、廃炉計画はしばしば住民不在で決められ、地域の安全に関わる重要な対策について自治体や住民が意思決定に参加する機会は限られる。これは海外の廃炉先行地域の経験が示す教訓である。日本では、立地自治体や住民が廃炉に関わる情報に十分にアクセスし、廃炉をめぐる意思決定で主導権を握れるようでありたい。

第2部では、自治体や住民の「意思決定への参加」というテーマに焦点をあて、日本で廃炉時代に備えるための論点を整理する。

第一に、廃炉の決定と住民の意思の問題(3章)。現在の日本では、原発の廃炉はどのように決められるのか、をまず見ていきたい。

前提として「廃炉決定」そのものに、自治体や地域住民が主体的に関与する仕組みが問われる。海外では、事業者や政府が廃炉を決め、事前の議論も不十分なまま地域住民が廃炉時代の課題に直面するケースも少なくない。自治体や住民が主体的に「廃炉決定」に関与するなかで、「廃炉決定後の課題」を自覚的に議論するプロセスが重要と考える。

第二に、「廃炉決定」後にも地域住民が注視すべき「廃炉中の地域防災」という問題(4章)。

第三に、廃炉過程を住民がどう監視していくかの問題である(5章)。

そして最後に、これらを踏まえて自治体や地域住民が主体的に廃炉時代のルールを作る道筋を考える(6章)。

第3章　廃炉決定プロセスの現在地

今井　照（地方自治総合研究所）

1．廃炉が決まるとき

日本国内で供用された原発57基のうち、廃炉が決定しているのは24基である（表12）。本章では廃炉が決まるプロセスについて、住民の合意形成過程を含む地域社会の側から検討してみたい。言い換えるとどのような条件が整えば廃炉への道筋が開けるのかを考えたい。

現在、日本の原発は運転開始から40年を期限とし、原子力規制委員会の審査を通れば20年の運転延長が認められる。つまり、40年もしくは60年という節目で自動的に廃炉が決定されることになる。しかし、これまでそのタイミングで廃炉が決定した原発はない。

２０１１年の東京電力福島第一原子力発電所苛酷事故以前に廃炉が決定していたのは、東海と浜岡１号機、２号機の３基である。いずれも40年未満で廃炉が決定している。東海の場合は、黒鉛減速ガス冷却炉という特有の方式の効率性に難点があり、廃炉が決定されたという。

また、浜岡については、耐震指針の変更に並行して耐震補強工事が計画されたが、１号機と

表12：廃炉が決定した原発一覧

発電所	号機	稼働	廃炉決定	期間
女川	1	1984	2018	34
福島第一	1	1971	2012	41
福島第一	2	1974	2012	38
福島第一	3	1976	2012	36
福島第一	4	1978	2012	34
福島第一	5	1978	2014	36
福島第一	6	1979	2014	35
福島第二	1	1982	2019	37
福島第二	2	1984	2019	35
福島第二	3	1985	2019	34
福島第二	4	1987	2019	32
東海		1966	1998	32
敦賀	1	1970	2015	45
美浜	1	1970	2015	45
美浜	2	1970	2015	45
大飯	1	1979	2017	38
大飯	2	1979	2017	38
浜岡	1	1976	2009	33
浜岡	2	1978	2009	31
伊方	1	1977	2016	39
伊方	2	1982	2018	36
島根	1	1974	2015	41
玄海	1	1975	2015	40
玄海	2	1981	2019	37

出所：金子秀光、高中公男（2019）「廃炉ビジネスと地域経済活性化の可能性—柏崎刈羽原子力発電所の廃炉又はリプレイスを見据えて—」『事業創造大学院大学紀要』10巻1号、p. 87をもとに各種資料から筆者作成
※これ以外に、「ふげん」「もんじゅ」を加える場合もある。廃炉決定の時期は稼働停止、原子力事業者の方針が決定された時点等が混在している。

2号機は、経済性の観点から改修よりも新設のほうが効率的であると判断されたので、新設の6号機に置き換えることになった。もちろん、その背景には浜岡原発訴訟など住民の反原発運動があったことも見逃せない。

その他の原発の廃炉決定は東日本大震災の後のことであり、多かれ少なかれ、福島第一原発事故の社会的衝撃とそれに伴う各種の見直しによって、稼働継続を断念して廃炉が決定されたと思われる。たとえば、福島第一原発の5号機、6号機と福島第二原発は再稼働の可能性もないではなかったが、それ以上に社会的衝撃が大きく、地元地域の世論として再稼働は到底容認できない状況だった。

また、原子力事業者の立場から考えると、福島第一原発事故に伴う各種の見直しは巨額の再投資を必要とするものになり、とりわけ稼働から長い時間を経過した原子炉は採算上からも再稼働を断念することが少なくなかった（なお、その中でも、運転開始から40年を過ぎて、20年の延長を認可されているのが、美浜3号機、高浜1号機、2号機、東海第二原発の4基である）。

整理をすると、日本の原発には運転期間の法的規制があり、本来はその節目で廃炉となるが、これまでにそのような事例はない。廃炉が決定される要件は、特別な事故や事件が起こらない限り、第一に経済的な効率性という観点から原子力事業者が稼働継続が断念する場合と、第二に再稼働に際して地元同意が得られない場合の二つとなる。後者は住民の合意形成過程をどのように設定するかという問題にかかわっており、すぐれて政治・行政的な課題である。
しかし今のところ、後者の事例は存在しない。再稼働の可否をめぐっては各地で論争が繰り返されているが、再稼働された原発はあっても、再稼働が拒否された原発はない。本章では、今後の問題として、原発の廃炉をめぐる住民の合意形成過程がどのようにあるべきかを考える。その際、検討のための具体的なケースとして、宮城県女川原発と新潟県柏崎刈羽原発を取り上げたい。

2. 同意する「地元」とは何を指すか

女川原発は宮城県女川町にあり、２０１１年の東日本大震災とその津波によって被害を受けた。その後、２０１８年に１号機（１９８４年運転開始）は稼働期間延長のために要する経費の大きさから廃炉が決定したが、２号機（１９９５年運転開始）と３号機（２００２年運転開始）は再稼働を目指している。このうち２号機について、原子力規制委員会は安全審査や新規制基準への適合を認めており、地元同意が残されている段階となっていた。

なお、しばしば女川原発は、東日本大震災への備えという点で福島第一原発と比較して評価されることがあるが、必ずしも無傷であったわけではない。[1] 津波は敷地高さのぎりぎりまで迫っていたし、1号機は外部電源を喪失した。むしろ紙一重だったとも言える。

原発の再稼働には、従来から地元自治体の同意が求められてきた。ただしこの同意は法的な根拠を持つものではなく、慣行として行われてきたとされる。他方、すでに多くの立地自治体や隣接自治体は原子力事業者と原子力安全協定を結んでいる。かつては「紳士協定」とされ実効性がないと解釈されていたが、現在では企業と自治体との契約として一定の法的拘束力があると考えられている。[2]

かつては原発から8〜10km圏内を防災対策重点地域（EPZ）と呼び、緊急時対応の対象としてきたが、福島第一原発事故以降は緊急時防護措置準備区域（UPZ）と呼ばれる30km圏内がその対象になっている。すなわち少なくとも原発から30km圏内にある自治体は当該原発と直接的に関係する自治体であると考えられている。したがって、再稼働の同意を必要とする地元自治体は最低限、UPZ内に広がったと考えるべきであり、現に東海第二原発（茨城県東海村）においてはそのことが目指されている。

女川原発において東北電力は、立地自治体の県、女川町、石巻市との間で安全協定を結んでいた。したがって、再稼働に際して県と2市町の同意が必要とされていた。また、UPZに入る登米、東松島、涌谷、美里、南三陸の2市3町は２０１５年に県と覚書を結んでいて、設備変更時には県を通じて東北電力に意見を伝えることができた。

次に起こった問題は、再稼働に関して意思を示すことができる自治体の範囲は定まったとしても、何をもって自治体の合意とするか、であった。

自治体には、知事・市町村長という首長とともに、議会が存在している。両者は二元的代表制と呼ばれ、相互に独立した意思を持っている。予算や条例など、一般的に自治体の最終的な意思決定は議会で行われるので（地方自治法96条）、制度的には議会の意思が優位に立つと考えられるが、一方、首長は自治体の代表者という地位を占めていて（同法147条）、現実には首長の意思が自治体の意思を代替する場合が少なくない。

しかしいずれの場合でも、住民の合意が反映されるべきであることに変わりはない。すなわち地元自治体の同意とは、形式的には首長の意思決定もしくは自治体議会の意思決定に委ねられるが、その基本には住民の合意が必要なはずなのである。

3. 女川原発の再稼働はどのように決まったか

では女川原発の再稼働では、具体的にどのような経緯をたどって住民合意の形成が行われたのか。ちなみに、女川原発は誘致の段階から反対運動があった。1971年1月の町長選挙は原発の賛否が争点となり、賛成派候補が7選を果たしたものの、反対派候補の得票率も4割強を占めた。

東日本大震災後の再稼働について、町として住民投票を行うか否かは、2014年9月4日の女川町議会でも話題になり、町長は「まずは町、町議会で判断したい」と住民投票を否定し、選挙で民意を図るとした（2014年9月5日付『朝日新聞』）。

一方、宮城県全体の県民投票で再稼働の可否を問うことを目指した署名運動が2018年10月から始まった。これは地方自治法74条に基づく条例制定改廃の直接請求制度を活用したもので、形式的には住民投票条例制定を求める直接請求となる。有権者の50分の1以上の署名によって首長に請求すると、首長は意見を付けて議会に諮り、可決されれば条例に基づく住民投票が行われる。署名は必要数約3万9千に対して、約11万4千が集まった。

2019年3月14日、住民投票条例案が付託された県議会総務企画委員会と環境生活農林水産委員会の連合審査会が開かれた。審査会では、地方自治法74条4項に基づき、請求代表者が意見を述べ、参考人として、成蹊大の武田真一郎教授が賛成の立場から住民投票の意義を展開し、東北大の河村和徳准教授は議会無視になるなどの理由で慎重意見を述べた（2019年3月15日付『朝日新聞』）。連合審査終了後の総務企画委員会では賛成3、反対6で否決される。

翌日の本会議でも、賛成21、反対35、棄権1で否決された。本会議における反対意見を要約すると「二者択一の単純な選択肢では幅広い意思を的確に把握できない」「国策なので国が一義的に責任を負う」「女川原発立地自治体と県全体の投票結果の傾向が大きく異なることが想定される」となる（宮城県議会会議録から筆者要約）。

確かに住民投票の場合、問うべき「住民」をどのように設定するのかという点には依然として課題が残る。立地市町村とその周辺市町村とでは、原発に対する関わり方が異なる可能性がある。範囲を広げて県全体となれば、さらに地域や住民の立脚点が異なる。雇用やビジネスといった経済的側面と、リスクや生活といった社会的側面とは必ずしも整合的ではなく、原発との距離感も相まって、一人の個人の感情としても二律背反的である。これらの複合的な論点を議会が明示しつつ、少なくとも立地自治体と周辺自治体の住民意思を確認することは不可欠ではなかったかと思われる。

4. 住民の意思との切断

いずれにしても、この結果、住民に直接、再稼働の可否を問う機会は失われた。本来なら住民の合意形成によるはずの地元自治体の同意は、首長と議会に委ねられたことになる。実態としては図15のように進められた。同意するべき地元自治体という主体は、県知事に集約される構図になっている。

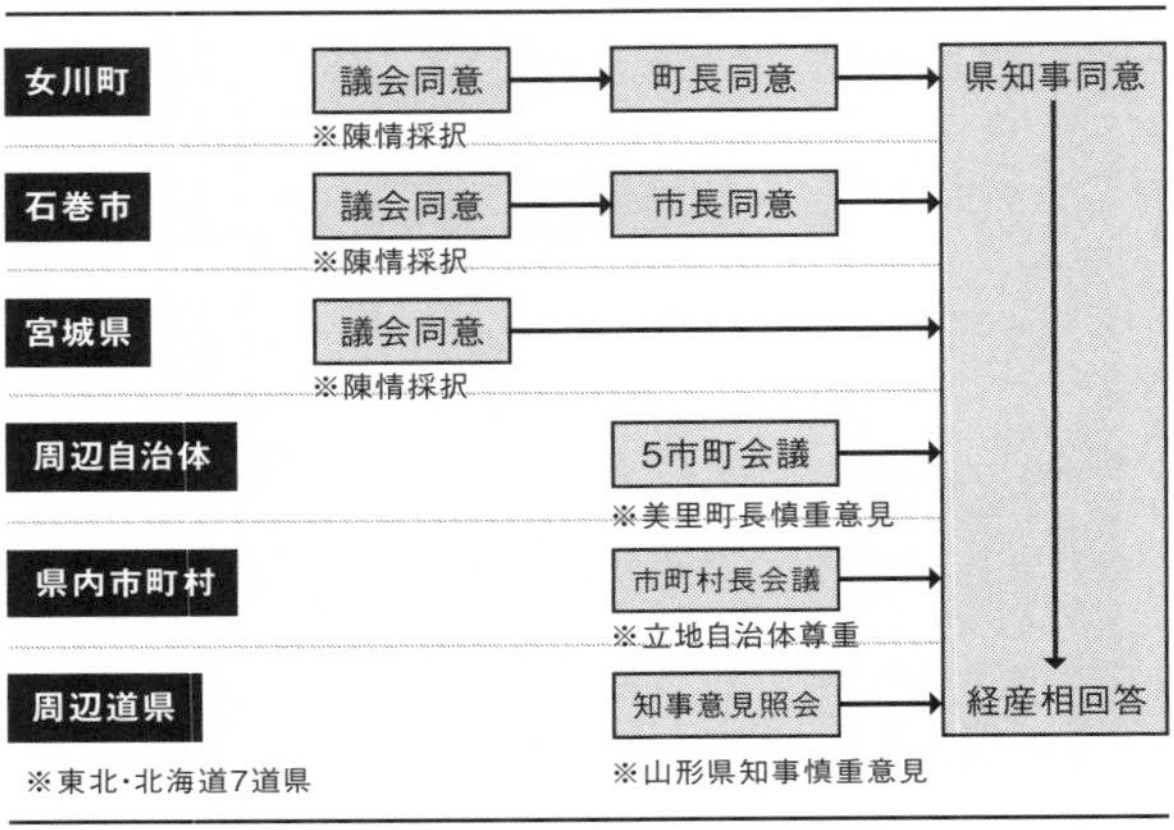

図15：女川原発再稼働地元同意までの経緯

出所：各種報道から筆者作成

政策決定のプロセスという観点からするとかなりていねいな手続きのようにみえるが、第一の課題は、前述のように住民の意思との切断がみられるという点にある。もう一つの課題は、それぞれの会議に関する報道を読む限り、実質的な議論が行われず、「一任」（責任回避）の連鎖によって知事に責任が集約されているかのような印象を受けることである。このように、意思決定のプロセスが単なる「合意調達の形式」にとどまっているのは、やはりそれぞれに住民との間の回路が閉ざされているところにも要因があるのではないか。

たとえば宮城県知事は、東北と北海道の7道県知事に対して、再稼働に関する意見の照会をした。そのこと自体は手続きとして評価されるべきだろう。しかし実際に期限までに応答したのは山形県知事だけであり、他の知事は沈黙を保った。岩手県知事は記者会見では慎重な姿勢をみせたが、宮城県知事への回答はしていない。それは知事職としての意見が、県民の意思とは切断された知事個人の意思にとどまらざるをえなかったからではないか。

各知事の沈黙の背景を推測すると、他の県の事情に口をはさみたくない（はさむべきではない）という思考が働いたと思われる。それは女川原発再稼働問題を宮城県の個別問題として受け止めているからである。しかし福島第一原発事故でも明らかになったとおり、原発再稼働は広域的な影響をもたらす。放射能汚染はもとより、避難者の受け入れなど、東北・北海道全体で対応するべき課題は山積している。山形県知事が慎重意見を述べたのも、福島第一原発事故に伴う避難者を多く受け入れたり、関連する廃棄物問題で苦労したからであろう。

さらに、北海道や青森県のように自県内に原発や関連施設を抱えているところでは、女川原発の動向がそのまま自県内の地域課題にリンクしてくることにも考えを及ぼすべきであった。とりわけ住民はそのことにセンシティブであり、各知事は県民の意向をそれぞれに確認するべきだったのではないか。

２０２０年11月11日、宮城県知事は、女川町長と石巻市長との会談を行って女川原発再稼働に同意することを表明し、18日に経産相へ伝えた。

5. 新潟県が進める原発事故の検証作業

前述のように、原発の廃炉が決定する政策過程には二つの回路があり、一つは原子力事業者が効率性などの経済的要因で継続稼働を断念する場合、もう一つは地元自治体の再稼働同意が得られない場合である。後者の事例は現時点で存在しないが、柏崎刈羽原発の再稼働にあたって、新潟県は福島第一原発事故の検証が必要だとしている。現在、その検証作業が進められているが、結果的にそのことが再稼働の地元同意に向けたプロセスを慎重なものにさせている。

新潟県は新潟県原子力発電所事故に関する検証総括委員会を設置し、2018年2月16日に第1回の会議を開いている。委員には有識者7人が選任されている。この委員会のもとに技術委員会、健康・生活委員会、避難委員会という三つの委員会が置かれている。さらに健康・生活委員会は健康分科会と生活分科会に分かれる。

柏崎刈羽原発再稼働の同意に際しては福島第一原発事故の検証を前提とする、という流れを作ったのは、米山隆一前知事であった。検証総括委員会を設置してすぐの2018年4月に知事を辞職するに至るが、最後の記者会見でも「原発にきちんと正面から取り組むという課題を、私としては歴史的使命と思っていた課題を果たすことができなかったということに関しては、本当につらい気持ちです」と語っている(新潟県庁ウェブサイト)。

米山知事を引き継いで同年6月に知事に就任した花角英世知事も、同様のスタンスを維持している。就任記者会見でも「新潟県独自の検証作業、検証委員会が動いて立ち上がっている」「その検証作業はしっかり進めてもらいたい」「一定の議論を尽くして、それなりの答えがまとまるタイミングが来る（略）段階で、それを踏まえて責任者として、リーダーとしてきちっとこうするべきだという何らかの結論を取りまとめて、それを県民の皆さんにお示しをする」と述べている（同）。

２０１６年の新潟県知事選挙では柏崎刈羽原発再稼働が争点の一つとなり、再稼働に慎重な米山隆一が知事に選ばれたが、２０１８年の知事選挙では温度差はありながらも、どの候補も再稼働に慎重な立場を表明したため、米山とは支持基盤が異なるものの、慎重姿勢を示した花角英世が当選することになった。その結果、再稼働同意判断までの政策過程は維持されることになった。

新潟県は福島県の隣県でもあり、また福島県からの多くの避難者を受け入れてきた。もともと東電関係者や原発作業員は柏崎刈羽原発と福島第一・第二原発とを行き来することが多く、福島第一原発事故を自らにとって切実な問題であると考えている人が少なくないと思われる。こうした世論が新潟県における検証作業を支持していると考えられる。新潟県では各分野での検証が進みつつあるが、今後、それらの成果をどのようにして県民に還元し、合意形成を得ようとするか、花角知事の政治的責任が試される。

6. 住民投票の制度化を

以上を踏まえて廃炉に向けた政策過程を整理すると、現実問題として、廃炉は事故や事件といった突発的事象以外では、再稼働の可否判断によって行われる。原子力事業者が否となればそのまま廃炉に至るが、原子力事業者が可としても地元同意が否となれば廃炉へと進む。したがって、どのようにして誰が「地元同意」を代表するかが問われることになる。

実態として、女川原発の例に見られるとおり、これまで地元同意を代表していたのは知事だった。しかし本来、「地元」とは住民のことのはずである。もちろん一口に住民といっても多様であるから、住民の総意として合意が形成されなくてはならない。そして、住民の合意形成の結果を首長や議会が反映するという形をとるべきだが、そうなっていないのが現実である。女川原発の再稼働合意形成過程でも見てきたように、首長と議会との連鎖は見えるが、そこに住民の合意形成過程がリンクされていない。

そこを結合させる一つの手法が、住民投票である。一般的に議会は住民投票を忌避するので、実際に住民投票が実施されることは少ない。議会が忌避する理由は、住民の意思が議会の意思形成へ直接的に反映されることを嫌うからであろう。確かに少なくとも選挙を経ている以上、議会議員が住民の代表者であることに疑いないが、原発再稼働のような個別的社会問題における住民の意思は、選挙で誰を選ぶかという政治選択とは別次元にある。

一方、首長はしばしば自らの政策を実現するために住民投票をしかけて実施することがある。したがって、仮に首長が再稼働に反対であり、そのことを住民に広く承諾してもらうという意図で住民投票を行う可能性はある。しかし、その逆の場合には議会と同様に住民投票を忌避する。女川原発再稼働の政策過程でもそのようなことが見られる。

憲法や法律に基づく住民投票を除き、条例で実施される住民投票の場合、住民投票の結果をそのまま自治体の意思決定とするか、あるいは住民投票の結果を尊重して議会が最終決定するかという選択肢は残されている。したがって住民投票が議会無視だという言説は錯誤であり、単に住民投票を忌避するための言いがかりでしかない。

こうした住民投票を実現するための隘路《あいろ》を潜り抜けるためには、運転期間を延長する要件の一つとして、当該原発周辺自治体の住民投票を必須とするように原子炉等規制法43条の3の32を改正するべきではないか。その際には、福島第一原発事故による環境汚染状況を勘案し、原発から50㎞圏内の自治体を対象とするべきだろう。

住民の合意形成過程と議会や首長による意思決定がリンクしてこそ、初めて「地元同意」となる。こうした地元同意によって再稼働が拒否される場合には、原子力事業者はそのまま廃炉に向けて進まなければならない。これが、政治・行政課題としての廃炉に向けた本来の住民合意形成過程というべきである。

1　渡部孝男（２０１６）「東日本大震災時の女川原子力発電所：現場からの報告」『日本原子力学会誌』58巻8号、6-7頁
2　山下竜一（２０２１）『原発再稼働と公法』日本評論社

第4章　廃炉時代の地域防災

米国では廃炉中原発の周辺地域で、それまで設定されていた「緊急時計画ゾーン」（EPZ）が撤廃され、地域の防災予算を削減する動きがある（第1部ケーススタディ3、コラム5）。米国の原子力規制委員会（NRC）は「廃炉が進行するにつれて運転中と比べて事故リスクが減少する」として、周辺地域の防災計画縮小を容認している。

日本政府も同様に「廃炉のプロセスが進むにしたがって、放射性物質の量は段階的に低減されていく」という考え方を示し、廃炉中の原発について安全規制を見直す可能性を示唆している。

廃炉中でも燃料プールや貯蔵施設に残る使用済燃料に起因する災害リスクはある。廃炉決定後も、周辺地域のための防災策や防災インフラが不要になるわけではない。「廃炉時代」にも続く災害リスクを知り、廃炉の各段階で必要な防災体制の維持・充実化を求めていく必要がある。

本章ではまず、日本の原発周辺自治体や事業者に対して義務付けられている防災策の内容とその問題点を確認しておきたい。そのうえで「廃炉時代」を見据えた地域防災体制づくりに向けて、議論していくべき論点を提示する。

1．範囲拡大・インフラ拡充でも実効性に課題

現在の日本における、原発周辺地域の防災の仕組みを確認しておきたい。福島第一原発事故後、原子力災害に備えるべき対象区域は拡大され、災害対策インフラ拡充が求められるようになった。事故以前には原発周辺8～10㎞とされていた「防災対策重点地域」はおおむね半径30㎞圏に拡大された（原子力災害対策重点区域）。これにより対象となる道府県は15から21へ、対象市町村は45から１３５に増えている。これらの自治体では原発事故を想定した避難計画の策定が義務付けられている。

この「原子力災害対策重点区域」はさらに、以下の二つの区域に分けられる。

①原発周辺５㎞圏の「予防的防護措置準備区域（ＰＡＺ）」

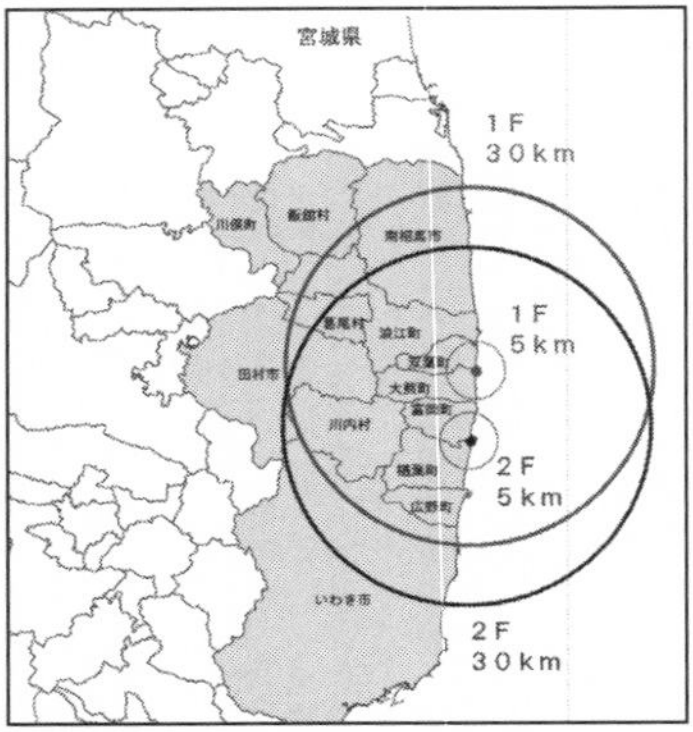

図16：福島第一（1F）・第二（2F）原発のPAZおよびUPZ

出所:福島県原子力災害広域避難計画（概要版）

②その外側でおおむね原発周辺30km圏「緊急時防護措置準備区域（UPZ）」

5km圏のPAZは直接原発に隣接する地域であり、放射性物質の放出前から避難など予防的措置を実施することが求められる。30km圏（UPZ）は事態に応じて「段階的に屋内退避、避難・一時移転などを行う区域」とされる。

国や自治体は、5km圏、30km圏の住民に対して、原子力発電所で生じた事態のレベルに応じて、定められた防護策（避難や屋内退避など）を実施することになっている。どの地域にどのような措置が必要になるのか判断する基準として、レベル1～3の「緊急時活動レベル」（EAL）が設定されている。EALの各基準と、PAZおよびUPZで実施される防護策の概要を表13にまとめた。

しかし実際に事故が起きた場合、事態がどのレベルに当たるのか判断し、迅速に屋内退避や避難を実施することは簡単ではない。国や自治体は、適時に原発敷地内外の状況を把握し、事態のレベルを判断する必要があるため、モニタリング・通信インフラの拡充も求められるようになった。緊急時モニタリングセンターの立ち上げ、TV会議用通信網の整備などはその一例である。自治体には、放射性ヨウ素による内部被ばくを防ぐための安定ヨウ素剤配布体制も必要になった。

事業者に対してもソフト・ハード両面での対策強化が定められた。災害対策支援拠点、原子

表13：EAL（Emergency Action Level）の各基準と実施される防護措置

基準レベル	事態の内容	PAZ（5km圏）での措置	UPZ（30km圏）での措置
EAL1 警戒事態	原子力施設における異常事象の発生又はその恐れあり（大規模地震、原子炉給水機能の喪失等）	要配慮者の避難準備	ー
EAL2 施設敷地緊急事態	公衆に放射線による影響をもたらす可能性のある事象が発生（敷地境界の放射線量上昇、原子炉制御室機能一部喪失等）	要配慮者の避難開始 一般住民の避難準備 安定ヨウ素剤配布	屋内退避準備
EAL3 全面緊急事態	公衆に放射線による影響をもたらす可能性が高い事象が発生（炉心損傷の検出、原子炉制御室機能喪失等）	一般住民の避難開始 安定ヨウ素剤服用	屋内退避実施 安定ヨウ素剤配布 避難・一時移転準備

出所：原子力規制委員会「原子力災害対策指針」（令和2年10月28日改訂版）他をもとに作成

力施設事態即応センター、原子力事業所内情報など伝送設備の整備、各拠点における非常用通信機器およびテレビ会議システムの整備運用、原子力レスキュー部隊の設置などである。

このように制度上は、避難や屋内退避を行う重点区域が拡大され、ソフト・ハード面での防災体制拡充が行われてきた。しかし、地域住民にとって十分に安全を保証する仕組みが出来上がったとはいいがたい。

実際に原発事故が起きたときに、あらかじめ計画したとおりに情報が伝達され、スムーズに避難できるかどうかは検証の必要がある。特に住民避難計画については、多くの研究者や自治体関係者により、その実効性が疑問視されてきた。これまで「避難

表14：避難計画の実効性をめぐり指摘されてきた問題点（例）

	問題点の概要
複合災害の影響	地震・津波と原発事故の同時発生による、道路や船舶運航など交通への影響が考慮されていない。
要援護者への対応	避難中・避難先での対応を含め高齢者や障がい者などへの支援が不十分。
避難手段	バスなど避難用車両・運転手の確保が困難。 運転手の健康・安全に対する責任が不明確。
防護策	避難対象者に対する安定ヨウ素剤配布、放射線スクリーニングに時間がかかり、緊急時のスムーズな実施は困難。
変動要因	風向きや天候など季節や時期によって異なる条件を十分想定できていない。

出所：本章末尾に示した参考文献をもとに作成

計画の実効性」をめぐり、表14のような問題点が繰り返し指摘されてきた。

ここに示したのは、「避難計画」について指摘されてきた主要な問題の一部にすぎない。そもそも避難計画の策定が遅れている自治体も少なくない。一定数の住民が参加して避難訓練を実施した自治体からは、地理的特性による「避難の難しさ」も指摘されている。半島先端部や島しょ部など、特に避難が困難な地域もある。地域ごとに、住民を守るために必要な対策が異なることにも注意が必要だ。

さらに避難計画の策定は実質上自治体に「丸投げ」される形となり、国は策定を支援するという関わり方にとどまる。国の原子力規制委員会は原発再稼働の可否を巡る判断に際して、施設の安全審査をするのみである。周辺地域の避難計画に不

伊方原発での避難訓練。ボートに乗り自衛艦に向かう住民（2019年）［毎日新聞社/アフロ］

備があっても、原発施設が基準に適合していれば、再稼働を認めることができてしまう。

住民の「避難計画」は、事故が起きた際に被ばくを防ぐ「最後の砦」ともいわれる。しかしこの「最後の砦」が不十分なままでも、規制員会は原発再稼働を認めることができる。このことについて、対象自治体からは「原子力災害対策への義務だけ課され、稼働に全く意見を言う権利がないのは筋が通らない」（２０１８年6月7日付『東京新聞』）との批判がある。

これら「住民避難計画の実効性」を検証する研究や調査は、現状の原子力防災制度の問題点を浮き彫りにした。他方、直接の立地自治体だけでなく、「避難計画」の対象となる広い地で、住民が原発事故リスクを「自分ごと」として考えることを促したと言える。茨城県東海第二原発のように、再稼働に関する同意を求める自治体の範囲を拡大した例もある。[2]

2.「廃炉決定後」も続く事故のリスク

これまで避難計画をめぐる議論は、主に「原発再稼働の是非」との関連で注目されてきた。「安全に避難できる保証もないまま再稼働を認めてよいのか」という問題提起は報道でも取り上げられ、周辺自治体の首長選挙でも争点となっている。

しかし仮に、避難計画の不備を理由に「再稼働せず（廃炉）」という結論が出たとしても、そこで「避難計画」を含む地域防災の課題が消えるわけではない。廃炉決定後、廃炉中の原発でも事故が起きるリスクはあるからだ。「再稼働の是非」という争点で共有されてきた地域防災への問題意識を、「廃炉決定後」につなげていく必要がある。なによりも「廃炉決定＝もう原発事故はおこらない」という思考停止だけは避けなければならない。

地域防災をめぐる議論を「廃炉決定」によって終わりにしないためにも、廃炉中も残る災害リスクについて知っておきたい。

通常、廃炉決定した原発では、廃炉工程のうち比較的早い段階で原子炉から使用済燃料が抜き出され、冷却用プールに移される（コラム1）。この段階ですでに原子炉の運転は終わっており、運転中の原発事故が起きることはない。福島第一原発で起きたような原子炉内のメルトダウンも起こりえない。しかしこれは「原子炉事故」が起こらないということであり、「原発での事故が起こらない」ことを意味しない。

これまでも複数の研究者が指摘しているが、使用済燃料がプールに貯蔵された状態でも、自然災害などでプールの冷却機能が失われメルトダウンに相当する過酷事態が起きるリスクは残る。特に多くの原発が地震や津波、台風などの自然災害リスク地域に立地している日本では、継続的な警戒が必要である。政府の原子力安全・保安院も、福島第一原発事故後の検討資料で、[3]使用済燃料プールにおける燃料損傷リスクとその影響の大きさを次のように指摘している。

使用済燃料プールの冷却については、原子炉に比べると時間余裕はあるものの、貯蔵している燃料に含まれる放射性物質の総量が炉心よりも多くなることもあり、また原子炉のような閉じ込め機能がないことから、冷却機能を喪失し、貯蔵していた燃料が損傷した場合には環境に与える影響がより大きくなる可能性を有している。従って、使用済燃料プールの冷却・給水機能の信頼性向上が必要である。

使用済燃料プール貯蔵中の燃料損傷は、影響がより大きいというのである。運転中（あるいは再稼働申請中）原発の周辺地域に対するのと同様か、それ以上の備えが必要になる。

そして、この「プールに使用済燃料が貯蔵されている」状態は数十年続くこともあり得る。たとえば福島第二原発の廃炉計画（廃止措置計画申請書）[4]では、廃炉計画開始から最長22年間、使用済燃料プールでの貯蔵が続くことを想定している。

米国バーモントヤンキー原発廃炉のケースでは、使用済燃料をプールに貯蔵したまま、周辺地域の「緊急時計画ゾーン」（EPZ）が撤廃され、地域防災のための財源が削減された（コラム5）。これに対して、地元バーモント州選出のバーニー・サンダース氏を含む上院議員グループが提出した法案は、使用済燃料がプールに残る限り、周辺地域のための防災策継続を義務付けるものである。この法案の考え方は、日本でも取り入れて制度作りに活かす必要があるのではないか。

それではプールから使用済燃料が搬出された後であれば、事故リスクはなくなるのだろうか。必ずしもそうとは言えない。燃料プールから搬出された使用済燃料が、原発敷地内の「乾式貯蔵施設」で長期間保管される場合がある。この乾式貯蔵施設へ使用済燃料を移送するプロセスでもトラブルが生じうる。米国の廃炉中原発では移送過程でトラブルが起きるだけでなく、貯蔵用設備それ自体をめぐる規則違反も見つかっている（表15）。

「乾式貯蔵施設」で保管される使用済燃料はすでにプールで冷却済みであり、一般的にはプー

表15：使用済燃料乾式貯蔵に関連した近年のトラブル・違反事例（米国）

時期	対象原発	事象
2018年	サンオノフレ原発 （カリフォルニア州）	燃料貯蔵プールから移送中、使用済燃料を容れたキャニスターが約18フィートの高さから落下、乾式貯蔵用コンクリート製キャスク内部のフランジに突き当たる。
2018年	バーモントヤンキー原発 （バーモント州）	燃料貯蔵キャスク内のボルトやシムに不良が発見されたことを受け、使用済燃料移送作業を一時中断。
2018～19年	サンオノフレ原発 バーモントヤンキー原発 他	規制委員会の許可なく設計変更された乾式貯蔵用キャスクが使用されていることが発覚。メーカーによる規則違反が認められる。

出所：現地ニュースメディアの報道をもとに作成

ル貯蔵中の燃料に比べ、損傷事故リスクは小さいとされる。しかし原発敷地内の「乾式貯蔵施設」に移された使用済燃料は、搬出先が決まらない限り長期間その地域に残ることが予想される（ケーススタディ1）。

「乾式貯蔵施設」の耐震性や経年劣化リスクに関する問題は、海外の廃炉中原発でも指摘されている。米国では、気候変動による海面上昇の影響なども考慮して「乾式貯蔵施設」の長期的安全性を問う議論もある（コラム4）。敷地内に使用済燃料が残る限り、当然、貯蔵施設の長期的な安全を確保する措置は続けなければならない。

周辺地域でも、不測の事態に備えた防災上の備えを維持・向上していくことが必要である。たとえばバーモントヤンキー原発が立地するバーモント州政府担当者は「継続的な放射線モニタリング」の必要性を訴えている（コラム5）。廃炉がある程度進んでも、放射線モニタリングや緊急時通信など、不測の事態に迅速に対応するための設備や人員は維持しなければならない。

3. 懸念される「廃炉中」の防災縮小

廃炉決定後・廃炉中にも使用済燃料に起因する事故や周辺地域の汚染は起きうる。

しかし海外の廃炉原発立地地域では、廃炉工程が進むにつれて原発敷地内の安全規制を緩め、周辺地域の防災策を縮小する先例が作られている。廃炉中のピルグリム原発（米国マサチューセッツ州）周辺地域では「緊急時計画ゾーン」（ＥＰＺ）を撤廃することが認められた（ケーススタディ3）。それに伴い避難訓練や防災スタッフ雇用の財源となる「緊急時対策費用」も削減された。米国で進む地域防災縮小の動きは、日本にとって対岸の火事でしかないのだろうか。

米国原子力規制委員会（ＮＲＣ）は「原子炉から使用済燃料がプールに移されれば、事故リスクが低下する」という考え方に立つ。それに基づき、ＮＲＣは周辺地域の「緊急時計画ゾーン」撤廃や防災費用削減を認めている。

この「廃炉が進むにつれて事故リスクが減少する」という考え方は米国だけのものではない。実は日本政府も「廃炉の進行に応じた事故リスク低減」についてこれと同じ考え方をとってい

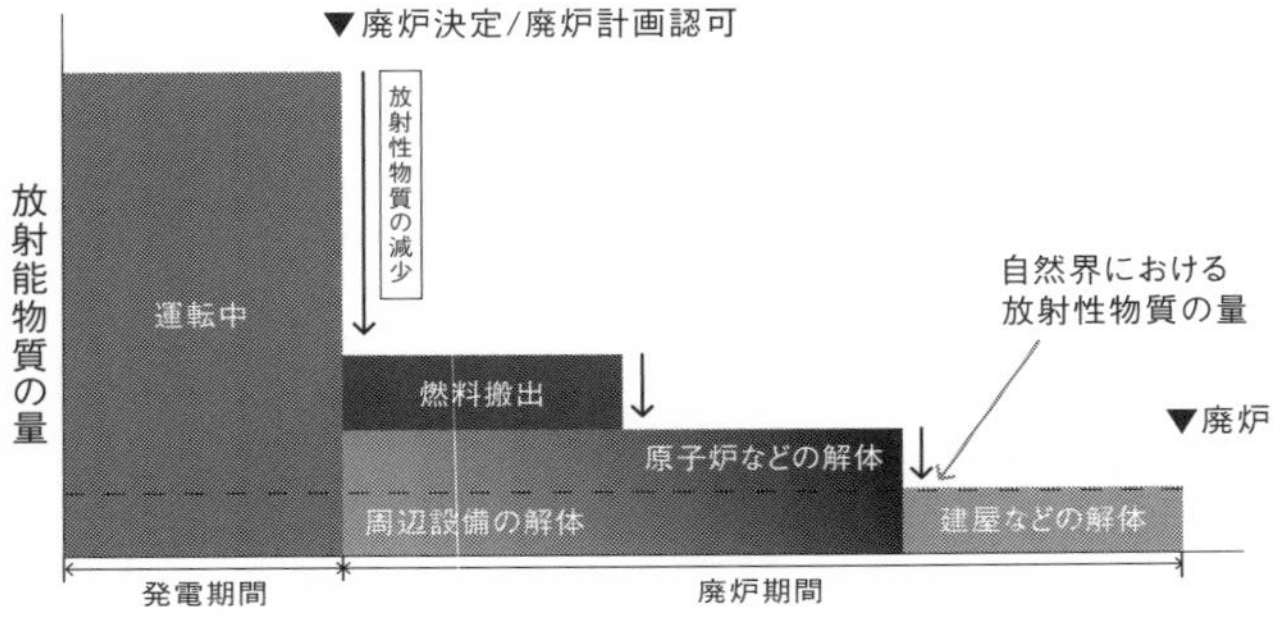

図17：廃炉プロセスと放射性物質の量

出所：資源エネルギー庁「原子力発電所の「廃炉」、決まったらどんなことをするの?」をもとに作成

る。資源エネルギー庁の資料に次のようにある。[5]

廃炉のプロセスが進むにしたがって、放射性物質の量は段階的に低減されていきます。このような廃炉作業が始まった原子炉については、現在、運転中の原子炉とほとんど同じ安全規制が適用されています。今後は、安全を第一としつつも、廃炉の各プロセスにおけるリスクに応じた安全規制を検討することも必要になると考えられます。

ここで「廃炉の各プロセスにおけるリスクに応じた安全規制を検討」と述べているように、今後、廃炉中の原発については安全規制が変わる可能性がある。それも「廃炉が進むにつれてリスクは減少する」という考え方に基づく規制の見直しとなる可能性が高い。原子力学会も、原子炉や燃料プール等施設の耐震安全性に関する要求を、廃炉の進行に応じて変更していく考え方を示している。[6] このように日本でも、廃炉中原発に対する安全規制や耐震性要求を緩めていく方向性は示されている。

原発敷地内で安全規制が緩和されるなら、それは周辺地域との防災上の連携にも影響を与えうる。前述の通り原発運転事業者には災害対策支援拠点、即応センター、伝送設備の整備運用などが求められる。廃炉中もこれら施設・機能が維持されていなければ、不測の事態に際して、周辺自治体と連携した情報伝達や緊急時対応が困難になる。しかし、これらの防災対策・インフラが廃炉期間中を通じてすべて維持される保証はない。

米国バーモントヤンキー原発では廃炉が進むにつれて、原発敷地内の安全対策要員の削減が行われ、周辺地域から批判を受けている。日本ではこの先例を反面教師とし、廃炉期間中も周辺地域住民が納得するレベルの安全規制を維持するよう求めていかなければならない。

4.「廃炉時代」を見据えた地域防災制度作りを

福島第一原発事故後、避難計画策定範囲の拡大など新しい地域防災制度が作られた。この制度開始以降、日本で敷地内の原子炉すべての廃炉が決定した商用原発は福島第二原発だけである。そのため、廃炉決定で「周辺地域の防災計画はどう変わるのか」「廃炉中の原発に対してどのような安全規制が行われるのか」という問題は、これまで表面化してこなかった。「再稼働の是非」に比べて「廃炉決定後の地域防災」という問題は、住民にとって差し迫った課題として意識しにくいだろう。

しかし海外では、廃炉決定から数年の内に周辺地域の防災策を縮小する先例が作られている。「廃炉の進行とともに事故リスクは減る」という考え方に基づき、日本政府も廃炉中の原発に対する安全規制の変更を示唆している。廃炉中の安全規制や周辺地域防災をどう保証していくのか、「まだ廃炉が決まっていないうち」から議論をして早すぎることはない。

廃炉中の原発でも使用済燃料に起因する事故や、周辺地域の汚染につながる事態は起きうる。地域住民の知らないうちに、原発敷地内の安全規制が変更され、緊急時対応に必要な設備・施設が撤去される、というようなことがあってはならない。廃炉中原発での防災計画や施設・設備の変更に際しては、十分な情報公開を保証し、地域住民が意思決定に参加できるようにする必要がある。そのためにも、各地域の報道機関や地方議会には、廃炉中の事業者の防災計画（とその変更の動き）を継続的にチェックする役割を求めたい。

廃炉進行中の原発周辺地域で、避難支援体制や緊急時モニタリング体制をどのように維持していくのか。これも、前もって議論しておくべき論点だ。日本では原発周辺自治体に避難計画策定が義務付けられており、緊急時モニタリングセンターや安定ヨウ素剤配布体制の整備も基本的に自治体が行っている。原発全基廃炉が決定した後にも、これら緊急時対応に必要な設備や組織は長期間維持する必要がある。

廃炉決定後も周辺自治体の「原子力災害対策重点区域」（ＰＡＺ、ＵＰＺ）としての位置づけは変わらず、自治体の避難計画策定義務は続くのだろうか。そうだとして、数十年続く廃炉期間中、自治体が自力で地域防災体制を維持・向上していくことはできるのか。

遠くない将来、日本の原発周辺自治体にはこの問題が突き付けられる。廃炉中の事業者に対する安全規制が緩められる一方で、地域住民の防災策は自治体の自己責任、ということになってはいけない。

米国では自治体と事業者が協定を結び、廃炉中も一定期間緊急時対策費用の支払いを継続させる取り組みがある。連邦議会では、廃炉中も従前の地域防災策継続を義務付ける法案が提出されている。

日本でも、廃炉中原発とその周辺地域に対する継続的な防災策を事業者と国に義務付ける仕組みが必要になるだろう。そのためにも、周辺自治体や地域住民から事業者や国に対して「廃炉決定後の地域防災」のあり方を問い、制度づくりを主導していかなくてはならない。

1　国や自治体はモニタリングの計測結果をＯＩＬ（Operational Intervention Level）に照らして、防護策の実施範囲を決めることになっている。ＯＩＬ1は「地上１ｍでの放射線量５００μSv／ｈ」で数時間以内の避難・屋内退避等が求められる緊急防護措置レベル。ＯＩＬ2は同「20μSv／ｈ」で一週間以内に一時移転が必要となる早期防護措置レベルとされる。

2　２０１８年、日本原子力発電は東海第二原発（茨城県東海村）再稼働に関して、立地自治体東海村以外にも周辺5市（水戸、日立、ひたちなか、那珂、常陸太田）の事前了解を得る旨定めた新安全協定を締結している。

3　「原子力安全・保安院によるこれまでの検討」（平成24年3月19日）19頁

4　東京電力ホールディングス株式会社（２０２０年5月29日）「福島第二原子力発電所廃止措置計画認可申請書の概要について」

5　資源エネルギー庁（２０１９年3月15日）「原子力発電所の「廃炉」、決まったらどんなことをするの？」

6　「発電用原子炉施設の廃止措置時の耐震安全の考え方」（２０１３）では、たとえば、最も厳しい耐震性（Ｓクラス）が求められる使用済燃料プールについて「使用済燃料の搬出が完了するまでは、供用期間中の耐震クラスと同じとする」（5.2a)1)）としつつ、「ただし、周辺の公衆に過度の放射線被ばくを及ぼすおそれがないと工学的に判断される場合には使用済燃料搬出完了と同等とする」（付属書A.2a)）とも述べられている。この考え方に従えば、貯蔵プールに使用済燃料が残っていても「搬出完了と同等」として耐震性クラスを引き下げることもありうる。

主な参考文献

新田隆司（２０１４）「より実効性の高い原子力防災対策の構築に向けて」『日本原子力学会誌』56巻10号、55-60頁
保母武彦（２０１７）「原発避難計画問題総論」『環境と公害』47巻2号、3-8頁
野呂雅之（２０１７）「自治体の避難計画の現状と課題」『環境と公害』47巻2号、27-32頁
上岡直見（２０１７）「交通面から見た原発避難の課題」『環境と公害』47巻2号、33-38頁
小泉治（２０１８）「原発再稼働の事前同意を拡大した、東海第二原発事業者と立地・周辺自治体」『自治と分権』73号、90-１０６頁

第5章　日本でも進む廃炉の「不透明化」

「廃炉」は使用済燃料の移送や長期貯蔵というリスクを伴う工程であり、解体・除染作業などによる周辺地域への汚染流出も起こりうる。商用原発廃炉で20年以上の歴史を持つ米国では、各地で地域住民が廃炉プロセスをチェックし、追加の安全対策を求めてきた。「廃炉時代」を迎えるにあたり、日本ではどのように地域からの「廃炉監視」の仕組みを作ることができるだろうか。

すでに廃炉計画の審査が始まり、日本における大規模商用原発廃炉の先駆けといえる福島第二原発の事例を検証し、「廃炉プロセス」が不透明になるとどのようなリスクがあるのか、そして有効な「廃炉監視」を行うためにおさえるべきポイントとは何か、考えてみたい。

1. 地域が監視すべき事柄とは

まず、「30～40年」とも言われる廃炉プロセスの「何」に対して地域住民が関心を持ち、チェックしていく必要があるのか、を整理しておきたい。

（1）廃炉中の安全対策

廃炉決定後も、敷地内のプールで一定期間、使用済燃料の保管が続く。使用済燃料貯蔵中のプールで事故が起きれば、原子炉内の事故の場合よりも周辺環境への影響は大きいとされる。廃炉決定後、この「プール内保管」が10年、さらには20年以上続くこともある。この意味で廃炉中の原発は、地域住民にとって「災害リスク施設」であり続ける。廃炉中にどのような安全対策が行われるのか、緊急事態用の施設や機能は十分に維持されるのか、注視する必要がある。

（2）汚染流出防止策

廃炉は、原子炉など放射性物質に汚染された施設・設備の除染・解体を含む作業である。このため除染・解体作業中に生じる粉じんや汚染水が周辺地域・水域に流出することを防ぐ対策が必要になる。特に、津波、暴風雨等の災害にさらされやすい海岸に立地する原発の廃炉では、自然災害時の汚染流出も警戒する必要がある。そもそも事業者は、廃炉中に生じる汚染水を「汚染レベルが基準を下回るよう」管理した上で放出することができる。実効力のある汚染防止策、放出規制を周辺地域から求めていく必要がある。

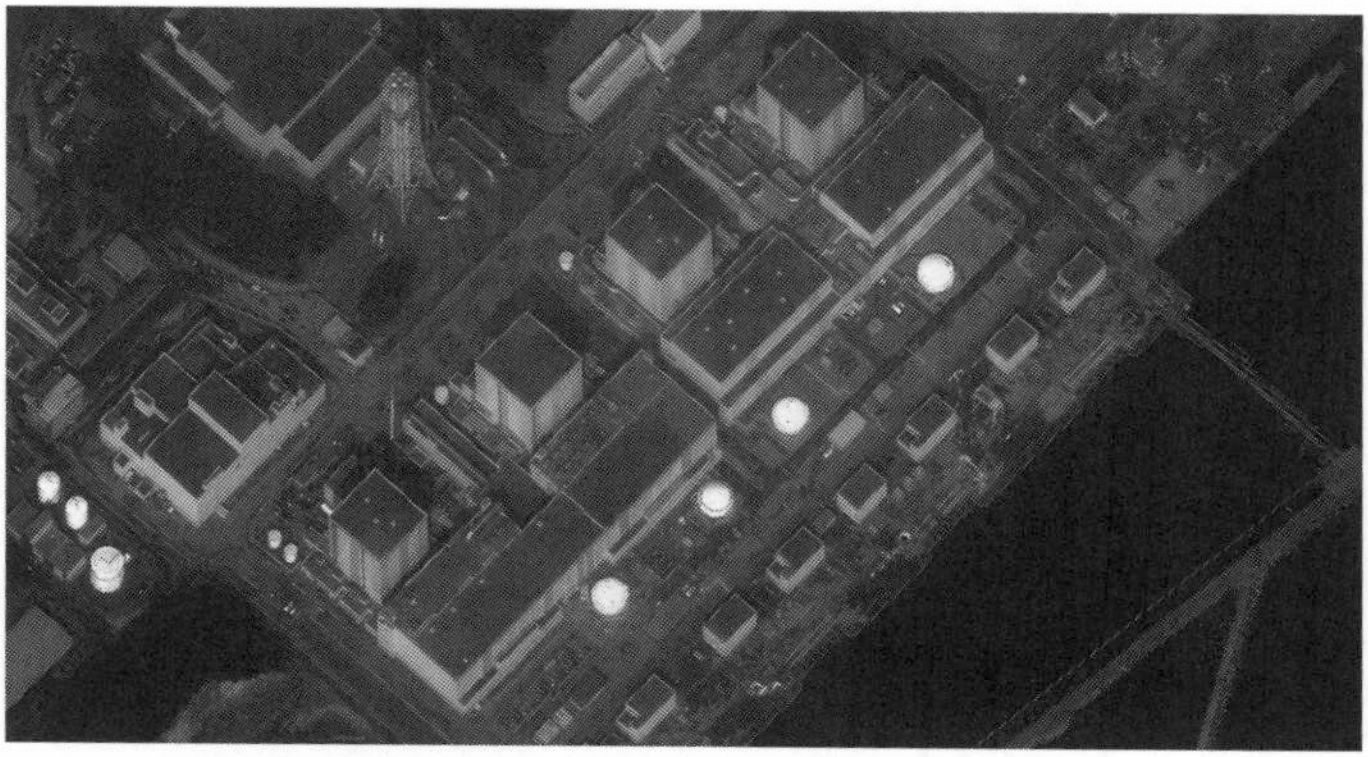

福島第二原子力発電所（2011年）［Getty Images］

（3）「乾式貯蔵施設」の〈将来設計〉

海外では、廃炉中原発の敷地内に使用済燃料を長期空冷保管する「乾式貯蔵施設」を建設する方式が増えている。後述の福島第二原発廃炉計画（廃止措置計画）でも、この「乾式貯蔵施設」新設が検討されている。

しかし廃炉のために建設された「乾式貯蔵施設」が、実質上の長期貯蔵施設となってしまうことも懸念される。実際、海外では、「廃炉完了」後も「乾式貯蔵施設」での使用済燃料管理が長期間続くケースもあるのだ。

「乾式貯蔵施設」建設に際しては、施設の安全性や環境影響など地域への負の影響についても多面的に評価し、地域住民が意思決定に参加できるようにすべきだ。「乾式貯蔵施設」建設が認められたとしても、そこで議論は終わりではない。「貯蔵期間がどのくらい続くのか」「貯蔵施設の性能」「貯蔵施設の保守管理」等について、事業者に情報公開・追加対策を義務付ける仕組みが必要である。

もちろん、この三つの論点以外にも、立地地域と住民が関心を持って議論に参加すべき問題は少なくない。米国の立地地域では、電気料金から積み立てられた廃炉基金の使い道、廃炉完了時に敷地の放射線レベルをどの程度まで下げるか（サイト解放基準）、などの問題が議論されてきた。[1] ただ、日本はこれから本格的に大規模商用原発全体を対象にした廃炉計画審査・認可プロセスが始まる段階にある。本章では廃炉の初期段階から特に注視すべき問題として、これら三つの論点を取りあげる。

2. 日本における地域からの廃炉監視——福島第二原発で作られる先例

自治体や住民の側から廃炉計画をチェックするというとき、日本では具体的にどのような仕組みがあるのだろうか。

日本で大規模商用原発全体（敷地内全原子炉）の廃炉が決まっている例として福島第二原子力発電所（福島県楢葉町・富岡町）がある。東京電力は２０２０年5月29日に原子力規制委員会に廃

表16:「廃炉安全協定」における情報公開・廃炉監視に関する主な規定

主な事項	内容	条件
通報連絡（第2条）	事業者は安全確保策のため必要な事項、トラブル発生時の状況等を通報連絡	通報連絡すべき事項、通報連絡方法は別途協議
立入調査（第7条）	県・立地自治体・県の協議会による立入調査	異常事態発生時特に必要と認めた場合
状況確認（第8条）	県・立地自治体・県の協議会による必要に応じた状況確認	必要に応じて随時
適切な措置の要求（第9条）	県・立地自治体・県の協議会による適切な安全確保措置の要求	特別な措置を講ずる必要があると認めた場合
情報の公開（第12条）	事業者は県・立地自治体に廃炉に向けた取り組みの内容を説明	県議会、立地町議会には議会の求めに応じて

出所:「立地自治体廃炉安全協定」をもとに作成

止措置計画認可申請書を提出した。2020年末時点で、同計画は審査中である。

自治体や住民が大規模な（複数の原子炉を持つ）商用原発全体の廃炉に向き合うのは、これが日本で初めてのケースである。福島第二原発廃炉に関する情報公開や住民参加の仕組みは、廃炉時代の地域制度の先駆けとなる。その意味で他の原発立地地域にとっても、重要な参考例が作られつつあると言える。

2019年7月の廃炉決定からまだ約1年半であるが、福島第二原発廃炉計画に対する自治体・地域住民からの監視の枠組みは、ある程度定まっている。

2019年12月に福島県および立地自治体（楢葉町・富岡町）は、東京電力と「廃炉の実施に係る」安全協定（以下「立地自治体廃炉安全協定」[2]）

を締結している。これと別に、やはり２０１９年12月に福島県および周辺11市町村[3]が東京電力と廃炉安全協定（以下「周辺自治体廃炉安全協定」[4]）を締結した。

これら「廃炉安全協定」には、トラブル発生時の連絡通報、県や周辺市町村による状況確認・立ち入り調査の手順、放射能測定結果の公表、など「廃炉監視」のために重要な規定がある。「立地自治体廃炉安全協定」（第９条）によれば、福島県や立地自治体が「安全確保のための適切な措置を求める」こともできる。

廃炉計画やその実施状況をチェックする組織について言えば、福島県には県内の原発廃炉に関する「安全監視協議会」がある（２０１２年12月設置）。この協議会は県知事が選任する専門家（専門委員）、県および周辺13市町村職員で構成される常設組織であり、事故の起きた福島第一原発も含め県内原発の「廃止措置（に向けた取り組み）」の安全性をチェックする。前出の「廃炉安全協定」では、この「安全監視協議会」が福島第二原発廃炉の「安全確保の取り組みを確認」する組織として位置づけられている。実際に２０１９年７月の同協議会（第73回）では福島第二原発廃炉計画について審議している。そして廃炉中に行われる周辺の環境放射能測定結果は、同協議会の環境モニタリング評価部会に定期的に提出されることになっている（「立地自治体廃炉安全協定」第６条）。

福島県には関係13市町村住民および各種団体の代表者等で構成する「廃炉に関する安全確保

［第1段階］ 解体工事準備期間 （12年）	［第2段階］ 原子炉本体周辺設備等 解体撤去期間（12年）	［第3段階］ 原子炉本体等解体撤去期間 （11年）	［第4段階］ 建屋等解体撤去期間 （11年）

汚染状況の調査			
核燃料物質による汚染の除去			
	管理区域内設備（原子炉本体以外）の解体撤去		
原子炉本体の放射能減（安全貯蔵）		原子炉本体の解体撤去	建屋等の解体撤去
管理区域設備の解体撤去			
原子炉建屋内核燃料物質貯蔵設備からの核燃料物質の搬出		（取り出し）	
核燃料物質の譲渡し			
放射性廃棄物（運転中に発生した放射性廃棄物及び廃止措置期間中に発生する放射性廃棄物）の処理処分			

図18：福島第二原発廃炉工程

出所：東京電力ホールディングス株式会社「福島第二原子力発電所 廃止措置計画認可申請書の概要について」（2020年7月14日）をもとに作成

県民会議」も設置されている（2013年8月）。「安全監視協議会」はこの「県民会議」に寄せられた意見を、東京電力や国への申し入れ等に反映することになっている。

「廃炉監視」にどの程度住民の意見を取り入れられるのかは、これらの組織の運営や、前出「廃炉安全協定」の運用のしかたにかかっている。しかし「廃炉」に特化した「安全協定」が締結されていること、そして県の組織として常設の「安全監視協議会」があることは、これから「廃炉計画」をチェックしていくに際して、重要な前提条件であると言える。

今後他の原発立地県でも、「廃炉監視」に特化した常設組織、「廃炉」に特化した実効性のある協定を作る必要があるだろう。現時点での福島第二原発廃炉監視制度は、あくまで初期段階の「改善途上にある」仕組みとして、その課題も踏まえて参考にする必要がある。[5]

3. 廃炉プロセス「不透明化」の罠——「保安規定」という抜け道

ではこの立地自治体と周辺自治体の「廃炉安全協定」、県の「安全監視協議会」によって、福島第二原発廃炉計画のチェックはどのように行われるのだろうか。本章冒頭で挙げた地域が監視すべき三つの事柄（「廃炉中の安全対策」「汚染流出防止策」「乾式貯蔵施設の〈将来設計〉」）について、それぞれ確認してみたい。

（1）廃炉中の安全対策

福島第二原発廃炉計画は、廃炉完了までに44年かかる長期工程を想定している。同計画によれば、廃炉開始から最長で22年間、使用済燃料のプール貯蔵が続くことになる。

少なくともこの期間、貯蔵プール施設の安全性を保証するとともに、冷却機能喪失などの事態に備えた対策を続ける必要がある。原発では非常時の電源喪失や冷却機能喪失を想定して、電源や冷却系統が多重化されている。大規模災害時の拠点となる免震重要棟など、防災拠点施設・設備もある。解体作業を進める中でも、これらの施設・機能は十分に維持されるのか。これは周辺地域の安全を考える上でも重要な論点である。

しかし、東京電力はこれら非常用設備・機能について「運転中と同様な運用は必要ない」として、次のように説明している。

「廃止措置段階では、貯蔵されている燃料は十分に冷却されていることから、非常用電源や冷却系統を始め、プラント運転中に多重化を図っていた設備について、原子炉運転中と同様な運用は必ずしも必要なく、廃止措置の進捗に応じて、必要な期間中、必要な機能及び性能を維持管理してまいります。性能維持施設に関する当社の考え方については、今後原子力規制委員会で審査いただく予定です」[6]（傍線は筆者）

「どのような施設・機能をいつの段階まで維持するのか」については、原子力規制委員会がその内容を審査する、という説明である。これでは廃炉中の安全対策の中身について、自治体や地域住民が事前に知り、意思決定に参加する余地はない。

廃炉事業者が安全対策用の施設・設備を解体する際には、自治体や住民への事前説明、事前了解を義務付けることが望ましい。

前出の「立地自治体廃炉安全協定」には、廃炉中の施設解体に関して限定的ながら立地自治体の事前了解を義務付ける規定がある。同協定第3条（施設の新増設等に対する事前了解）には「廃止措置計画の認可申請（変更の場合を含む。）を伴う施設等の新増設、変更又は廃止をしようとするときは、事前に県及び立地自治体の了解を得るものとする」との規定がある。この規定に従えば、施設・設備の解体に際して原子力規制委員会へ廃止措置計画の認可申請または変更が必要な場合、福島県と立地自治体にも事前了解をとる必要がある（周辺11市町村には事前説明のみ）。

しかし逆に言えば、規制委員会へ新たに廃止措置計画の認可申請・変更をする必要がない場合は、立地自治体の事前了解なしに解体・撤去を進めてよいことになる。さらに「立地自治体廃炉安全協定」の運用規定[7]（項目5）では、事前了解の対象となる施設を「周辺地域住民の線量当量の評価に関係する施設等」と規定している。

よって、「周辺地域住民の線量当量の評価に関係」しない施設と見なされれば、解体・撤去に際して事前了解は必要ないことになる。事故や災害時の要となる非常用電源や冷却系統、免震重要棟などの施設・設備の解体・撤去に際して、事業者に立地自治体の事前了解を義務付けられるのか、現状の規定だけでは不安が残る。

廃炉中、非常事態対応人員や訓練など、ソフト面での安全体制維持も必要だ。少なくとも廃炉決定以前、福島第二原発では、大規模地震や津波などの事態を想定した緊急時作業のためのチームを設置し、ガレキ撤去や電源復旧などの訓練を定期的に実施していた。[8] 44年間の廃炉期間中、これら緊急時対応体制がどの程度のレベルで維持されるのか。これも、周辺地域住民の安全を確保するうえで重要な論点である。

東京電力は廃炉中の緊急時対応体制について「原子炉施設の保全のための活動を行う体制整備として、要員の配置、資機材の配備等に関する計画を策定することを保安規定に定め、これに基づき活動を行ってまいります」[9]（傍線は筆者）と説明するに留まる。この「保安規定」の内容を審査する権限を持つのは、やはり原子力規制委員会であり、自治体や住民ではない。

これら廃炉中の安全対策の中身を決めるプロセスに、立地自治体や住民が直接関わることのできる仕組みが求められる。

（2）汚染流出防止策

原発廃炉は汚染施設の除染・解体を伴う工程である。解体・除染作業で生じる粉じんや汚染水により、周辺地域・水域に汚染が広がることが懸念される。特に廃炉中に生じる汚染水を海洋放出する場合には、周辺海域で活動する漁業者らへの影響も問題となる。

前出の「立地自治体廃炉安全協定」（第14条　放射性物質の排出管理）[10]は、廃炉中の放射性物質放出について、次のように規定している。

発電所から放出される気体、液体等に含まれる放射性物質濃度について、関係法令等に定めるところにより管理するほか、周辺環境に影響を及ぼさないことを定期的に確認するものとする。

しかし、どのくらいのレベルまで放射性物質濃度を下げるのか、具体的な基準値・目標値についてはこの協定では定められていない。福島県の安全確保技術検討会[11]からの質問に対し、東京電力は「放射性液体廃棄物に係る放出目標値及び放出管理の基準値については、原子炉運転中と同様に保安規定に定め、管理してまいります」[12]と説明している。ここでも具体的な基準値については「保安規定」に定める、として説明を避けている。どの程度の濃度まで汚染レベルを下げた上で放出するのか、という基準値を決めるプロセスは自治体や地域住民抜きに進むことになる。米国では立地州政府が独自の（より厳しい）放射線基準を定め、廃炉事業者との協定で「州の基準」に沿った除染や測定を求めるケースもある。日本でも基準値や管理放出の方法について、直接影響を受ける周辺自治体や地域住民の意見を反映する仕組みが必要である。

解体作業中の粉じん飛散防止策については、東京電力は「汚染拡大防止囲い、局所フィルタ、局所排風機等の拡散防止機能を有する装置を導入した工事方法を計画してまいります」[13]と述べている。他方、廃炉計画によれば、原子炉周辺設備解体・撤去作業が始まるのは廃炉開始から10年後以降（第二期、12年間）である。特に汚染レベルの高い施設の解体が、これから10年以上先の時期に集中的に行われることになる。立地自治体廃炉安全協定では「周辺環境に影響を及ぼさないことを定期的に確認する」（14条）とだけ規定されている。汚染リスクの高い解体撤去作業が集中的に行われる時期には、この「確認」の頻度を増やし、モニタリング設備を増強するなど、廃炉の段階に応じた追加対策を求める必要がある。

（3）「乾式貯蔵施設」の〈将来設計〉

福島第二原発廃炉計画では、燃料プールから搬出した使用済燃料を保管するために、原発敷地内に新たに「乾式貯蔵施設」を建設することが検討されている。同原発の使用済燃料全体の約半数（4万8000体）を新設の乾式貯蔵施設に移す計画だが、残りの使用済燃料の搬出先が見つからなければ、乾式貯蔵施設の増設もありうるという。[14]

しかし乾式貯蔵施設建設を認めれば、立地地域に使用済燃料が長期間残ることを容認することにもつながる。福島第二原発の廃炉計画では使用済燃料を「廃炉完了までに加工事業者に譲り渡す」としているが、具体的に「受け入れ先」が確保されているわけではない。楽観的に、廃炉完了時（開始から44年後）には「受け入れ先」が決まると想定しても、20〜30年近い期間、この乾式貯蔵施設での使用済燃料管理が続くことになる。

このことを考慮すれば、乾式貯蔵施設建設に際しては立地自治体はもちろん、周辺地域住民をまじえた議論が必要であろう。仮に建設を認めるとしても、当該施設が実質上の長期貯蔵場にならないように運用期限を設ける、当該施設の安全性について第三者調査を義務付ける、など様々な条件設定が必要になるはずだ。ピルグリム原発廃炉市民助言パネル（ケーススタディ3）は、独立専門家を招いて乾式貯蔵施設の安全性を評価している。カリフォルニア沿岸委員会（コラム4）は、乾式貯蔵施設に「15年」という運用期限をつけて将来の再審査を義務付けている。これら米国の廃炉先行地域の取り組みは、日本でも取り入れていく必要がある。

東京電力は「乾式貯蔵施設の詳細については現在検討を進めているところ」として、施設の仕様や建設コストなどを明らかにしていない。廃炉開始後1〜2年をめどに「廃止措置計画」に反映して認可申請を行う予定とされる（２０２０年10月時点資料）。これを認可する権限を持つのは、やはり原子力規制委員会である。ここでも廃炉計画の重要な部分が、住民の目の届かない場で決められてしまう懸念がある。

本来であれば、乾式貯蔵施設のスペックや建設・運用コスト、運用予定期間などを具体的に示した上で、立地自治体、周辺自治体とその住民の了解を得る必要があるだろう。「乾式貯蔵施設」認可申請が出される折には、「立地自治体廃炉安全協定」の事前了解規定（3条）を確実に適用して住民をまじえた協議が必要である。「乾式貯蔵施設建設」は立地地域での数十年に及ぶ使用済燃料保管につながりうる重大な「計画変更」である。それにもかかわらず、周辺自治体や住民が意思決定に関与できない、ということがあってはいけない。

このように、福島第二原子力発電所の廃炉計画では、関係自治体や住民に見えないところで安全対策や汚染管理の具体的中身が決められようとしている。この「廃炉不透明化」のメカニズムは、将来的に他の原発立地地域でも繰り返されることになるだろう。

このメカニズムの核となるのは、「（具体策は）保安規定に定めて規制委員会が審査」という方式である。

東京電力は、福島県の安全確保技術検討会から「汚染水放出基準」や「廃炉中の安全対策」について質問を受けるたびに、この「保安規定に定めて規制委員会が審査」という説明を繰り返している。建設を検討する「乾式貯蔵施設」の詳細についても「今後廃止措置計画に反映して規制委員会が審査する」という。廃炉計画の重要な項目は事業者と規制委員会の間で決める、というスキームが既成事実化しつつある。周辺地域に影響を与えうる作業や安全対策の中身について、周辺自治体や住民が事前に協議に参加する可能性は狭められている。

このような「廃炉の不透明化」を防ぐためには、廃炉中の安全対策を定める「保安規定」変更に際して、立地自治体・住民との事前協議を義務化する必要がある。廃炉安全協定締結・改正に際しては、事前了解や事前協議事項の範囲をできる限り広く、具体的に定めることで、「具体策は保安規定で」という抜け道をふさぐこともできる。

しかし、自治体や地域住民から廃炉監視を強化する規定を求めても、廃炉事業者がそれを受け入れる保証はない。廃炉中の安全対策、汚染防止、使用済燃料貯蔵など地域に大きな影響を与えうる計画については、周辺自治体や地域住民が確実に意思決定に参加できるよう、国のレベルでの法整備も求められる。

1　日本では廃炉中に生じる放射性廃棄物の処分場も決まっていない。後述する福島第二原発廃炉計画においても、放射性廃棄物処分先が未定であることが問題となっている。

2　「東京電力ホールディングス株式会社福島第二原子力発電所の廃炉の実施に係る周辺地域の安全確保に関する協定書」（２０１９年12月26日）

3　いわき市、田村市、南相馬市、川俣町、広野町、川内村、大熊町、双葉町、浪江町、葛尾村および飯舘村。

4　「東京電力ホールディングス株式会社福島第二原子力発電所の廃炉の実施に係る周辺市町村の安全確保に関する協定書」（２０１９年12月26日）

5　なお「安全監視協議会」は福島第一原発事故後の廃炉に向けた取り組みを監視する目的で設置された組織でもある。東京電力は「福島第一原子力発電所の廃炉と総合的に進めていく必要がある」との認識に基づいて、福島第二原発に関する「廃炉安全協定」を締結している。その意味では、原発事故の教訓を踏まえて作られた福島県独自の仕組みでもある。

6 令和2年7月14日第73回廃炉安全監視協議会資料1-2「第1回安全確保技術検討会 意見・質問の照会結果と回答（福島第二原子力発電所の廃止措置実施）」

7 「東京電力ホールディングス株式会社福島第二原子力発電所の廃炉の実施に係る周辺地域の安全確保に関する協定の運用について」（2019年12月26日）

8 「第58回（平成29年度第5回）福島県原子力発電所の廃炉に関する安全監視協議会立ち入り調査」（平成29年10月17日）

9 令和2年7月14日第73回廃炉安全監視協議会資料1-2

10 11市町村との「周辺自治体廃炉安全協定」第13に同様の規定あり。

11 立地自治体廃炉安全協定4条に規定に基づく組織

12 令和2年7月14日第73回廃炉安全監視協議会資料1-2

13 同上

14 東京電力ホールディングス株式会社（令和2年10月）「福島第二原子力発電所1号（2、3、4号）発電用原子炉廃止措置計画認可申請について（審査会合における指摘事項の回答）」

第6章　「廃炉基本条例」の可能性

大城　聡（弁護士）

1．廃炉を「地域主導」に変える鍵

現在のところ、日本政府は、新しく強化された安全基準の下で原発の再稼働は進めるが、新増設は予定していないという姿勢である。この政府の姿勢が続けば、原発はこれ以上増えず、今存在する原発は老朽化または採算がとれないということで順次廃炉になっていく。地域にあるすべての原発が、いずれは廃炉になる「廃炉時代」を迎えるのだ。原発が立地する地域から見ると、問題は明確な国策の転換がないままに、実質的に原子力発電幕引きの時代へと入っていることにある。

ここで危惧されることは、廃炉を進めるにあたって国が明確な方針も対策も示すことなく、現実のみが進行し、原発が立地する地域が放置されることである。そんな状況の下で、原発を抱える自治体にできることとして「廃炉基本条例」の制定が考えられる。現時点で「廃炉基本条例」を制定している自治体は存在しないが、これから廃炉時代を迎えるにあたって、地域からできること、住民ができることの可能性を拓くものとして「廃炉基本条例」の制定を原発立地の自治体には提案したい。

なお、ここで原発立地の自治体とは、道府県でなく市町村を想定している。なぜならば住民にもっとも近いのが基礎自治体である市町村だからだ。国策として行われてきた原子力行政では、国と電力事業者が主導していて、周辺住民の関与度合いは低かった。その状況を変えて、廃炉に関して地域の住民が主体的に関与するための鍵の一つとなるのが、この「廃炉基本条例」だと考える。

廃炉基本条例の素案とポイントは以下のとおりである。

2.「廃炉基本条例」素案

●●町廃炉基本条例

第1章　総則

(目的)

第1条　この条例は、●●町内に立地する原子力施設の廃止措置（以下「廃炉」という。）に関して、住民参加と透明性が十分に確保されることによって、住民の安全並びに地域環境を保全し、地域経済を活性化し、もって住民の健康と安全で豊かな暮らしを守ることを目的とする。

（基本原則）
第2条　廃炉に関しては、町及び廃炉措置に関与する事業者（以下「事業者」という。）は、次の基本原則を遵守しなければならない。
（1）　安全優先・環境保全の原則
（2）　住民参加の原則
（3）　透明性確保の原則

（町の責務）
第3条　町は、廃炉による住民の安全確保並びに地域の環境及び経済への影響に対する施策を策定し、実施する責務を負う。
2　町は、廃炉に関して、国、県及び事業者等との間で協定等を締結する場合、これを変更する場合及び協定等に基づき廃炉に関する同意等の意見表明する場合には、あらかじめ第

5条で定める廃炉住民協議会の意見を聴かなければならない。

（廃炉基本計画）

第4条　町長は、廃炉による住民の安全確保並びに地域の環境及び経済への影響に対する施策に関する基本計画（以下「廃炉基本計画」という。）を定めなければならない。

2　廃炉基本計画には次に掲げる事項について定めるものとする。

（1）廃炉による住民の安全確保並びに地域の環境及び経済への影響に関する総合的かつ長期的な施策（以下「廃炉に関する施策」という。）の大綱

（2）前号に掲げるもののほか、廃炉に関する施策を総合的かつ計画的に推進するために必要な事項

3　町長は、廃炉基本計画を定めるに当たっては、あらかじめ廃炉住民協議会の意見を聴かなければならない。

4　町長は、廃炉基本計画を定めるに当たっては、町民及び事業者の意見を反映することができるように必要な措置を講ずるものとする。

5　町長は、廃炉基本計画を定めたとき及び変更したときは、遅滞なくこれを公表しなければならない。

第2章　廃炉住民協議会

（廃炉住民協議会）

第5条　町長は、常設の諮問機関として、廃炉住民協議会を設置する。

（所掌事務）

第6条　廃炉住民協議会は、町長の諮問に応じ、廃炉に関する施策について調査審議し、その結果を町長に答申するものとする。

2　廃炉住民協議会は、町が事業者等と廃炉に関する協定等を締結する場合及び協定等に基づき廃炉に関する事項に関して同意を行う場合には、あらかじめ町長に対して意見を述べることができる。

3　廃炉住民協議会は、廃炉に関する施策に関して、町民の申立てに基づき、又は自らの判断に基づき、調査審議し、その結果必要であると認めたときは、町長に意見を述べることができる。

4　廃炉住民協議会は、廃炉に関する施策に関して、町民の意見を聴くことができる。

5　廃炉住民協議会は、廃炉に関する施策に関して、町長に必要な資料の提出を求めることができる。

（組織）
第7条　廃炉住民協議会は、委員及び専門委員をもって組織する。
2　委員は25人以内とし、次の各号に掲げる者のうちから町長が委嘱する。
（1）町民のうち公募した者
（2）学識経験者
（3）町議会議員のうちから議長の推薦した者
3　町長は、前項の委員の委嘱に際して、性別及び年齢等の多様性に配慮しなければならない。ただし、前項第3号に掲げる者の委嘱は3人以内とする。
4　特別の事項を調査審議する必要がある場合には、調査審議事項ごとに5人以内の専門委員を置くものとし、学識経験者のうちから調査審議事項を明記して町長が委嘱する。

（任期）
第8条　委員の任期は2年とする。ただし、補欠委員の任期は、前任者の残任期間とする。

2　委員は、再任されることができる。
3　専門委員は、その調査審議事項の調査審議が終了したときに解職されるものとする。

（委任）
第9条　本条例で定めるもののほか、廃炉住民協議会の組織及び運営に必要な事項は、規則で定める。

以上

3.「廃炉基本条例」素案のポイント

（1）基本原則を明らかにする

廃炉にあたっては、基本となる①安全優先・環境保全の原則、②住民参加の原則、③透明性確保の原則を明らかにすべきである。これまでの原子力行政がトップダウンであったものをボトムアップに転換するための基本原則である。住民にもっとも近い基礎自治体がこれを条例として定める意義は大きい。全国の立地自治体で「廃炉基本条例」が策定され、そこに基本原則が掲げられれば、国や電力事業者もこれをないがしろにはできなくなる。

（2）長期的かつ総合的な廃炉基本計画を定める

廃炉は30年から40年という長期間に及ぶものである。そして、これは原子力関連産業に依拠してきた地域の経済にも大きな影響を与える。まさに長期的かつ総合的な視点が必要になる。自治体として正式に「廃炉基本計画」を定めることで、場当たり的な対応にならずに施策を実現していくことが期待できる。たとえば、この廃炉基本計画に廃炉によって減少する原子力関連産業に代わって再生可能エネルギー産業や観光業の振興を図るなどの方針を明記することも考えられる。

（3）住民参加の仕組みをつくる

これまでも指摘した通り、日本の原子力行政では住民参加の視点が欠如している。地域に重要な影響を与える問題であるにもかかわらず、そこに住む人々の声を反映する仕組みがない。「廃炉基本条例」素案の中では、住民の声を反映する仕組みとして「廃炉住民協議会」を置いている。

ポイントは、電力事業者との安全協定の締結やその協定に基づく同意に関して、あらかじめ「廃炉住民協議会」の意見を聴かなければならないとしていることである。住民は、「廃炉住民協議会」を通して意見を反映させることができるようになる。

廃炉住民協議会は、公募の住民と学識経験者によって構成されるとしている。廃炉に関して、長期的かつ総合的に考える場を、行政職員や地方議会議員中心ではなく、住民中心でジェンダーバランスや年齢など多様性のある人たちで構成することが重要である。

また、廃炉住民協議会が諮問に答えるだけではなく、住民の中立てまたは独自に必要性があると判断すれば調査審議し、意見を述べることができる点も大切である。受け身ではなく、主体性をもって廃炉に関する問題に取り組む機関になることを期待したい。

4. 条例の可能性

原子力行政がトップダウンで行われている中でも、条例は基礎自治体（市町村）で策定することができる。しかも地方自治法では、住民が署名を集めて条例の制定を求めることもできる。条例が制定されれば、国や電力事業者を直接規制できなくても、自分たちの自治体に関しては住民参加の仕組みをつくることができる。そこからトップダウンをボトムアップに変える可能性が生まれてくる。

現在の日本では、廃炉の問題はまだ直視されておらず、地域の人たちに十分に認識されているとは言えないかもしれない。だからこそ「廃炉基本条例」を策定する動きの中で、廃炉に関する問題、地域が向き合う課題が共有され、その解決に向けた知恵を出し合う契機ともなる。廃炉という長期間に及び、かつ地域への影響が大きい問題に対して、地域に暮らす一人ひとりが向き合う機会になることを期待したい。

ここで示した「廃炉基本条例」の素案は、あくまでもたたき台である。地域で議論する中で住民参加の仕組みをより強化することもでき、その地域に合致したものに変えていくこともできる。「廃炉基本条例」が目指すものは、廃炉に際して住民一人ひとりが主体となって関わっていくことである。

5. 国策に使い捨てられないために

現在、原発を廃炉にするか否かは各電力事業者の判断に委ねられている。政府は強化された新規制基準の下で原発の再稼働を進めるが、原発の新増設や建て替えは予定していないという姿勢である。原発を抱える地域から見ると、東京電力福島第一原発事故前のように、老朽化した原発が廃炉になったとしてもその敷地内に原発が新増設される、ということを前提として地域の未来を考えることは難しい。政治状況によって左右されることはあるが、50年くらいの期間でみれば地域が抱える原発はいずれすべて廃炉となっていくのである。

本来であれば、原子力発電の幕開けが国策として行われたように、原子力発電の幕引きも国が主導して行うべきであろう。廃炉時代にふさわしい地域、国、電力事業者の関係を構築すべきだ。現状のまま、採算重視で電力事業者が個別に廃炉を決めていけば、地域の経済・産業、環境、そして安全に重大な影響が及びかねない。原発を誘致してきた自治体に対する評価は分かれるかもしれないが、それでも地域を使い捨てるような国のあり方は許されるべきではない。

本章で示した「廃炉基本条例」の策定という方法は、国策としての原子力発電や廃炉のあり方を変えるには、あまりにも微力かもしれない。しかし、もっとも深刻な影響を受ける地域からの声がもっとも大切である。住民一人ひとりの声こそが大切である。原発を抱えてきた地域が50年後も生き残り、今よりも豊かに安心して暮らしていくために、住民主導の仕組みが不可欠である。

第2部まとめ

第2部では、自治体や住民の「意思決定への参加」というテーマに焦点をあて、日本で廃炉時代に備えるために必要なことや、現状の問題点を検討してきた。

そもそも、なぜ廃炉をめぐる意思決定に、自治体や住民の参加を保証する必要があるのか、もう一度考えてみたい。現状、多くの原発立地地域では住民にとって切実な争点は「再稼働を認めるか否か」であろう。もしそこで「廃炉決定」という結論が出れば、再稼働を支持する人にとっても支持しない人にとっても、そこで原発に関わる問題は終わりではないのか。残念ながらそうではない、というのが第1部で紹介した廃炉先行地域の経験が示す教訓であった。「原発廃炉」は、発電所敷地内の閉ざされた技術的工程ではない。敷地外で生活する地域住民の安全や、地域の社会経済、周辺環境に影響を及ぼす長期的な事業である。本ハンドブックではこの観点から、廃炉時代の各段階で「地域社会の問題」として考えるべき事柄とは何かを探ってきた。

海外の廃炉先行地域の経験が示す教訓の一つは、「地域防災の課題は廃炉決定後も続く（むしろ重要性を増す）」という事実であった。多くの場合、廃炉が決定しても、即座に使用済燃料が地域外に搬出されるわけではない。原子炉から抜き出された使用済燃料が敷地内のプールに貯蔵されている間は、核燃料関連の事故リスクは残る。さらに原発敷地内に建設された「乾式貯蔵施設」が実質上の長期貯蔵施設になってしまう、という現実がある。それにもかかわらず、廃炉中の原発に対しては安全規制が緩められ、敷地内の安全対策縮小や、周辺地域の防災財源削減という事態も生じている。

日本でも廃炉決定した原発の廃炉計画を見ると、「使用済燃料貯蔵の長期化」は現実となりつつある。そして「廃炉中の安全規制緩和や防災対策縮小」という海外で起きている問題は、日本にとって対岸の火事ではない。政府は「廃炉が進むにつれて事故リスクは減少する」という考え方に立ち、廃炉中原発に対する安全規制の変更を示唆している。燃料損傷等の事故を防ぐための非常用電源や冷却系統について、事業者は「原子炉運転中と同様な運用は必ずしも必要ない」と説明している。廃炉中原発に対する事業者の安全対策が縮小される一方で、周辺自治体は自力で廃炉中の地域防災体制を維持しなければならない。そんなアンバランスな状況が生じている。廃炉中に事故や汚染流出が起きれば、直接の影響を受けるのは周辺地域住民である。この地域住民、自治体の目線で廃炉中の安全対策をチェックし、地域防災体制の維持・向上を求めていく必要がある。

しかし廃炉計画の策定、廃炉工程の安全チェックは主に事業者と国の規制委員会の間で行われ、地域住民や立地自治体にとって「不透明なプロセス」になりやすい。このことも海外の廃炉先行地域の経験が示す教訓であった。福島第二原発の廃炉計画をめぐるプロセスを見ると、やはり廃炉の重要な部分で、地域住民や自治体が「意思決定の蚊帳《かや》の外」に置かれ、廃炉が不透明化しつつある。

福島県には、県の常設組織として廃炉安全監視協議会があり、事業者と立地自治体・周辺自治体の間で情報公開のルールなどを定めた「廃炉安全協定」が締結されている。それでもなお、廃炉中の安全対策の内容や「乾式貯蔵施設」建設など重要な計画が、住民や自治体抜きに決められてしまう可能性がある。常設の廃炉監視組織や廃炉安全協定がない地域では、「廃炉の不透明化」はより深刻なものとなるだろう。「計画の詳細は保安規定に定め規制委員会が審査する（だから住民の事前了解は不要）」という抜け道をあらかじめふさぐ、実効性ある廃炉監視の仕組みが必要である。

このように、「廃炉中の地域防災」「廃炉プロセスへの住民・自治体からの監視強化」という問題は、ともに地域の将来に関わる重要な社会課題である。この課題に対して、住民の側から何ができるだろうか。

まず必要なのは、廃炉中の「防災」や「情報公開」を「自分たちの地域の問題」として、可能な機会をとらえて争点化することである。

たとえば、「原発再稼働の是非」という問題は、立地自治体を超える幅広い「周辺地域」で、議会議員選挙、首長選挙の「争点」となってきた。福島第一原発事故後、避難計画策定が義務付けられる「周辺地域」の範囲は広がり、受け入れ地域も含めれば、さらに広範囲で「原子力防災」の問題が議論されるようになった。以前より広い範囲の地域住民が「原発事故」を自分ごととして想定するようになっている。

廃炉決定後にも「原発での事故リスク」は残る。そうである以上、再稼働をめぐるこれまでの地域防災に関する議論を「廃炉決定後」を想定したものに広げてはどうだろうか。選挙においては、行政トップや住民代表に、遅かれ早かれ訪れる「廃炉決定」後の「避難計画」や「使用済燃料貯蔵」等の問題についての考え方を問うのである。そのような議論を経て住民に選ばれた代表者達を通じ、地域立脚型の廃炉監視制度を作り、廃炉中の地域防災計画を充実させることはできる。このような地域主導のルール作りの一例として、本ハンドブックでは「廃炉基本条例」案を提示した。

もちろん、「廃炉規制」を含めて原子力政策が高度な「国策」である以上、地域住民の「廃炉プロセスへの参画」を強めるために、国レベルでの政策転換も求められる。これから数十年続く廃炉中の安全管理ルールが、私たちの知らないところで、私たち抜きに決められつつあるのだ。廃炉をめぐる問題は国民の争点としても議論し、国会を通じた立法を求めていく必要もある。米国の廃炉原発立地地域では、市民参加の廃炉助言パネルに、立地州選出の連邦議会議員やその政策担当スタッフが出席し、その議論を土台に国レベルの法案が提出されている。第1部で紹介した「Safe and Secure Decommissioning ACT」（コラム5）はその例である。

日本における「廃炉時代」の地域産業のあり方についても述べておきたい。

本ハンドブックでは、「廃炉決定後」の新産業創出について、日本国内の具体事例を取り上げて論じることはできていない。本ハンドブック執筆時点で、ほとんどの立地地域はいまだ稼働中原発（再稼働申請中・定期点検中含む）があることを前提とした制度のなかにある。廃炉原発の立地地域における新産業創出は、まさにこれからの課題である。

「廃炉事業」が立地地域に雇用やプラスの経済影響をもたらすのは一時であり、廃炉それ自体は安定的な地域産業にはならない。海外の廃炉先行地域では、制度の違いはありながらも、それぞれの形で「廃炉」以外の新産業創出を支援する取り組みが行われてきた。

この廃炉先行地域からの教訓を踏まえ、日本の立地自治体や電力事業者が「廃炉時代」を見すえた新産業創出にどう関与し、国からの支援はどうあるべきか考えてみたい。

原発の再稼働、特に老朽化した原発の稼働期間延長には、立地自治体を超える広い範囲の地域住民から反対が根強い。電力会社にとっては追加の安全対策コストが求められる上、再稼働をめぐる判断は訴訟や選挙を通じて繰り返し問い直されるため、事業継続も先が見通しにくい。

この状況において必要なのは、思い切った発想の転換ではないか。電力会社にとっては「廃炉決定し、新産業に転換することで事業継続を見通せる」、立地自治体にとっては「廃炉決定すれば原発関連税収・交付金に代わる財源が確保できる」、そのような優遇策なのではないか。つまり「廃炉を決定し、原発以外の産業創出を目指す地域」への優遇策である。

原発を誘致しこれまで財政上の恩恵を受けてきた立地自治体や電力会社のために、新しい支援策を作ることには反対意見も強いだろう。しかし立地自治体や電力会社が、高コストで住民からの反対の強い「再稼働」という、本来割に合わない選択肢にしがみつかないようにする、そのためのインセンティヴであれば、再稼働に反対してきた住民の願いとも合致するのではないか。

電力事業者が、単なる廃炉実施者としてではなく、原発に代わる新たな産業の担い手として当該地域に継続的に関与するための支援があってもよい、というのが海外事例調査に基づく編著者の考えだ。それにより事業者は、廃炉が地域社会に与える影響についても、より「自分ごと」「自分が活動する地域の問題」として対応する動機付けを得る。「新産業」の中身は地域によって異なるだろうが、原発廃炉を決定した電力事業者が、洋上風力発電プロジェクトと関連設備製造業にシフトすることは有望な方向性の一つである。原発立地地域は風況の良い海岸に位置していることも多く、政府は洋上風力発電拡大方針を示している。

「廃炉決定後の新産業創出」に向けて、自治体、電力事業者、再稼働に反対する住民の願いが一致する点を探り、全国の立地地域から国に「新しい優遇策」を求めていくことはできないだろうか。これは理想論に聞こえるかもしれない。しかし英国ＮＤＡやドイツＥＷＮの例を見ても（コラム６、ケーススタディ５）、国の支援のもと、廃炉事業者が立地地域と協力して新しい産業創出に継続的に取り組むとき、地域経済の再建に一定の成果を上げている。

第１部で紹介したように、廃炉地域での新産業創出に国が関与し、国の財源を投入することは世界では珍しくない。むしろ国営企業の継続的関与や、国による経済特区などの優遇制度なしに立地地域が自力で新産業を生み出すことは難しい、というのが廃炉先行地域からの教訓であった。しかし国民の税金を使う以上、問われるのは新産業創出を確実にする制度の有効性、そして「原発依存を終わらせる新産業のため」という大義である。場当たり的な対応ではなく、長期的な見通しに基づく、大胆な政策転換を望みたい。

補論　事故原発に向き合う地域住民を守る制度

ここまで海外の廃炉先行地域で起きている問題を調査し、日本で廃炉時代を見据えて議論すべき論点を探ってきた。本文に取り上げなかった特殊な事例として、事故を起こした原発の廃炉がある。

日本では通常原発の廃炉とは別に、福島第一原発に対して「何をするのか」という困難な課題を抱えている。日本で「廃炉地域」を考える上で、この問題を避けて通ることはできない。原発の過酷事故には一つとして同規模の先例はない。スリーマイル島原発（1979年2号機事故）やチェルノブイリ原発（1986年4号機事故）でも、厳密に言えば「廃炉」は始まってすらいない（ともに長期安全管理中）。「事故原発廃炉」には、そもそも先例がないとも言える。

しかし米国やウクライナでは、事故の起きた原発とともに生きることを余儀なくされた地域住民を守る取り組みは続けられてきた。事故原発で実施される汚染除去作業は、周辺地域にさらなる環境被害を与えうる。また、廃炉作業員が多く住む地域では、これら労働者の権利を守ることが、地域社会の安定のためにも重要な課題となる。

事故原発に向き合うことを余儀なくされた地域住民をいかに守るか、という視点で考えた時、まだ日本の私たちが知るべき先例はある。

補論では、原発事故後の労働者権利保護の取り組みとして、チェルノブイリ廃炉拠点スラヴチチ市（ウクライナ）の雇用・労働者政策を紹介する。

そして汚染水処分など、事故原発「汚染除去」プロセスへの住民参画の事例として、スリーマイル島「汚染除去」市民助言パネルの取り組みを紹介したい。

1. 雇用と労働条件を守る特例法
チェルノブイリ廃炉拠点スラヴチチ市

原発事故は、直接の立地自治体だけでなく広い地域で「長期避難」や「地域産業再生の困難」など様々な問題を引き起こす。これは福島第一原発事故後、日本が現在進行形で体験していることだ。

原発事故が引き起こす特有の課題の一つに、労働者の権利保護の問題がある。事故直後の事故収束作業員、事故により仕事を失う原発従業員、先の見えない「廃炉に向けた作業」に従事する労働者。これらの労働者は、事故による影響を受けた地域住民でもある。

事故の影響で仕事を失った原発労働者と、危険状況下で働く廃炉作業員の権利保護。この課題に同時に直面した事例として、チェルノブイリ廃炉拠点スラヴチチ市の取り組みを紹介したい。

原発事故の影響で雇用危機に直面した地域住民・労働者保護に、国はどう関与できるのか。事故原発の廃炉拠点となった地域で、廃炉関連事業に従事する住民の権利を守るにはどのような制度が必要か。

この二つの問題を考える上で、スラヴチチ市の雇用政策・労働者保護政策は重要な参考例となる。

（1）「原発従業員の町」スラヴチチ市

スラヴチチ市はウクライナ北東部に位置する人口約2万5000人の町である。チェルノブイリ原発からは約50㎞離れた場所に立地している（図19）。

1986年4月26日に起きたチェルノブイリ原発事故後、同原発周辺30㎞圏からは全住民の強制避難が実施された。事故収束に向けた対応のため、そして原発周辺から避難させられた住民たちの新たな居住地として、30㎞圏外に拠点となる居住地を作る必要が生じた。

当初スラヴチチ市はこのような「収束作業員の町」として建設された。そして事故から約2年後の1988年3月に入居が始まった。

スラヴチチ市は、チェルノブイリ原発の発電事業に依存する「原発従業員の町」という性格も持っていた。1986年4月26日に事故が起きたのはチェルノブイリ原発の4号機である。日本ではあまり知られていないが、チェルノブイリ原発の事故を免れた1～3号機では4号機の事故後も発電が続けられた。最後まで稼働を続けた3号機が停止し、同原発が完全閉鎖となるのは2000年末である。

政府が定めた「収束作業期間」は1990年までであり、1991年以降スラヴチチ市は「収

図19：スラヴチチ市の位置

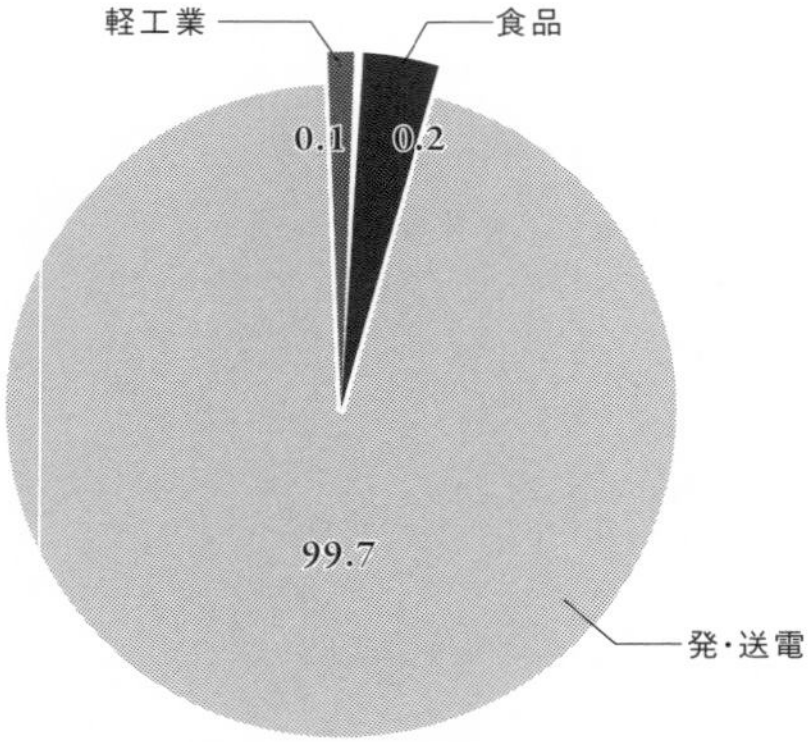

図20：スラヴチチ市の産業構造（%）

出所：Удовиченко（2013）

束作業員の町」としての位置づけを失う。同市の社会経済活動は主にチェルノブイリ原発における発送電事業となった。その結果1990年代に同市では、原発に大きく依存する社会・経済構造が生まれた。2000年時点でのスラヴチチ市の産業構造を見ると、99％以上原発による発送電分野に依存していたことがわかる（図20）。

この時期、スラヴチチ市における最大の雇用主はチェルノブイリ原発を運営する国営「チェルノブイリ原発」社であった。90年代半ばには、同市人口約2万5000人のうち半数近く（約1万2000人）が「チェルノブイリ原発」社の従業員であった。

しかしチェルノブイリ事故対策を支援する国際社会からは、同原発での発電事業継続に対する強い批判があった。そして発電事業を続けた1～3号機も、トラブルなどが原因で順次停止を余儀なくされていく。1996年に1号機が停止決定し、1999年には2号機の停止が決まった。2000年12月15日には最後に残った3号機が稼働停止し、チェルノブイリ原発は完全に閉鎖された。

事故から14年の遅れはあっても、やはり事故の影響でチェルノブイリ原発は期限前閉鎖したのだ。そして「原発従業員の町」スラヴチチ市は住民の大量失業危機に直面する。

(2) 政府と国営企業による代替雇用創出

町の経済のほぼ全体をチェルノブイリ原発に依存してきたスラヴチチ市では、原発完全閉鎖は市の経済の崩壊、大規模な雇用喪失を意味する。原発閉鎖に伴い、町を出て行く住民が増えることも懸念された。実際「チェルノブイリ原発」社での従業員数削減と時期を同じくして、2000年代前半にスラヴチチ市の人口は1000人近く減少している。

しかしスラヴチチ市もウクライナ政府も、この状況を放置していたわけではない。スラヴチチ市からの要請も考慮しつつ、ウクライナ政府は同市で原発に代わる産業・雇用を創出するための特例策を実施している。チェルノブイリ原発が完全停止となる2000年に前後して、スラヴチチ市だけを対象にした法律や決議が採択されている(表17)。これらは、同市でチェルノブイリ原発に代わる雇用を創出し、同原発閉鎖に伴い仕事を失う住民を救済するための政策である。

2001年には、スラヴチチ市のために国営企業が優先的に追加雇用を創出する方針が定められた。[1] このためにスラヴチチ市では、原子力関連施設・設備の修理を請け負う「アトムレモントサービス」(国営原子力企業「エネルゴアトム」子会社)が設立された。この「アトムレモントサービス」社が元原発従業員を含む約800人を雇い入れた。

原発閉鎖に先立つ1999年には、スラヴチチ市への企業誘致を促進する「経済特区」制度

表17：スラヴチチ市を対象とした原発閉鎖影響緩和政策

	政策文書名
1998年	6月18日付大統領令N657/98「スラヴチチ経済特区」
1999年	6月3日付ウクライナ法N721XIV「スラヴチチ経済特区について」
2001年	10月26日付1411号ウクライナ内閣決議 「スラヴチチ市住民とチェルノブイリ原発従業員のための追加雇用創出プログラム」

が作られた。[2] この「経済特区」制度は、同市で活動する企業に重点的な税制優遇や貿易取引の特例を認めるものである。

スラヴチチ経済特区の入居が認められた企業は、最長で６年間種々の税制優遇措置を受けることができる。たとえば経済特区入居企業には法人税免除のほか、輸入関税・輸入時の付加価値税免除が認められた。ウクライナでは製造業用設備の輸入依存度が高く、設備輸入時の税免除は製造業誘致の後押しとなる。さらにスラヴチチ市に対しては通貨政策上の特例も認められた。ウクライナでは貿易取引で得た外貨を、その都度ウクライナ通貨に両替しなければならないルールがある。この両替義務もスラヴチチ経済特区の入居企業には免除された。これも貿易取引のためにきわめて有利な条件となった。人口約２万５０００人のスラヴチチ市に限定して国の通貨政策の例外を認めるという、踏み込んだ特例措置である。

１９９９年の制度開始から２００５年までの間に、38社の企業がスラヴチチ経済特区に入居した。これら入居企業にはガラス加工業や文房具メーカー等、製造業が多い。前述の特恵条件により設備投資の負担が軽減されたことで、製造業の進出を促す効果があったと評価されている。「スラヴチチ市経済特区」は制度開始以来一貫して、原発関連分野以外の雇用を生み出してきた。２００９年のリーマンショック時を除き、平均して毎年１００近くの新規雇用が創出されている（図21）。

これら政府や国営企業による代替産業・雇用創出策の効果もあり、スラヴチチ市は比較的短期間で経済多角化に成功している。「経済特区」制度開始から約10年後（２０１２年）の同市の産業構造を見ると、製造業が全体の約９割を占めるようになっている（図22）。それに対して、以前町の経済の９割以上を占めていた発送電分野の割合は約１割にまで下がっている。[3]

（3）原発閉鎖で失業する住民への特例社会保障策

２０００年のチェルノブイリ原発閉鎖後、スラヴチチ市最大の雇用主であった「チェルノブイリ原発」社の従業員数は急速に減少した。１９９５年に約１万２０００人いた従業員は、原発が停止する直前の２０００年１月にはすでに９０００人に減っている。そこから10年以上経過した２０１３年時点での同社従業員数は２６００人にとどまる。

前述のとおり、ウクライナ政府や国営企業はスラヴチチ市での雇用創出のための特例策を実施してきた。それでも原発閉鎖の影響で仕事を失った住民すべてに、代替雇用が用意できたわ

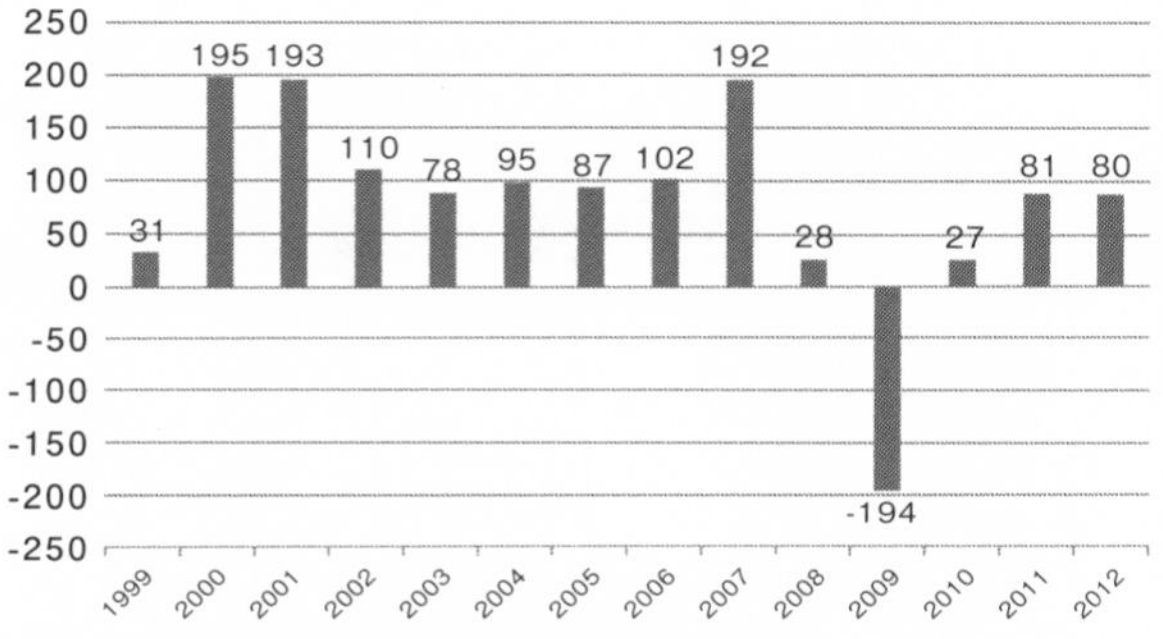

図21：スラヴチチ市経済特区入居企業による雇用創出実績（1999～2012年）

出所：Удовиченко（2013）

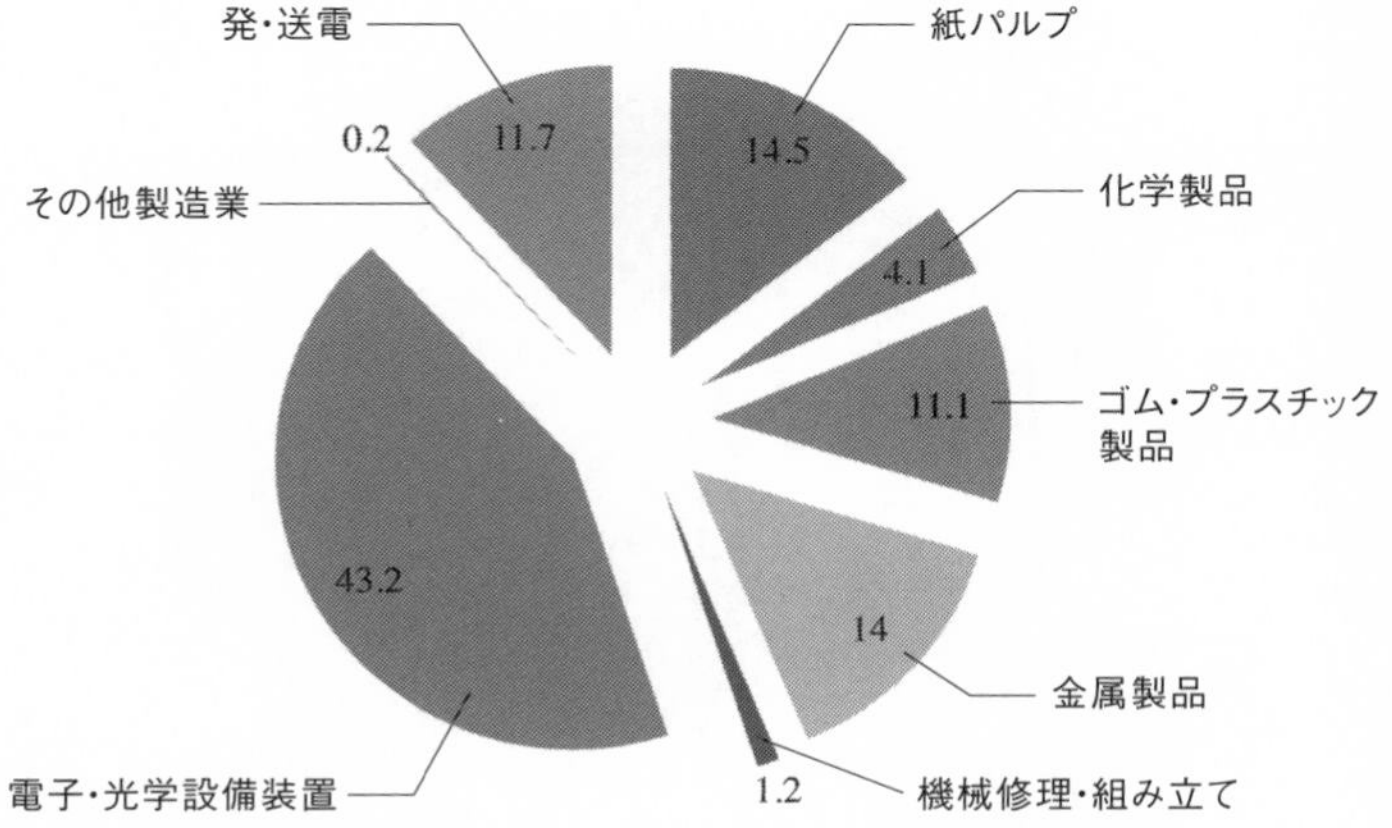

図22：2012年時点のスラブチチ市の産業構造（%）

出所：Удовиченко（2013）

けではない。市の関係者によれば、特に年齢の高い元原発従業員は別の職を見つけることが困難であった。

これら再就職が困難なスラヴチチ市住民のためには、法律によって手厚い社会保障策が認められた。チェルノブイリ原発完全閉鎖の2年前（1998年）には「チェルノブイリ原発の稼働停止と廃炉」に関するルールを定めた通称「チェルノブイリ廃炉法」[4]が成立する。この「チェルノブイリ廃炉法」の目的の一つは「チェルノブイリ原子力発電所従業者の社会的保護」および「チェルノブイリ原子力発電所閉鎖に伴うスラヴチチ市における否定的社会影響の解消」（3条）である。同法の12条では、チェルノブイリ原発閉鎖によって解雇されることになった従業員に対して、失業給付上乗せのほか、他の地域に移住する場合の補助や早期年金受給の特例などを認めている。

このなかで特に重要なのが、早期年金受給特例である。この制度は、スラヴチチ市の雇用情勢の安定のために重要な役割を果たした。年齢の高い原発従業員が解雇された場合、スラヴチチ市での再就職が困難になることが予想されていた。その場合、元従業員達は他の地域に移住して仕事を見つけるほかなくなってしまう。しかし「早期年金」特例により、年齢の高い元原発従業員には失業給付金を受けた上で年金生活者となり、住み慣れたスラヴチチに残る選択肢が生まれた。

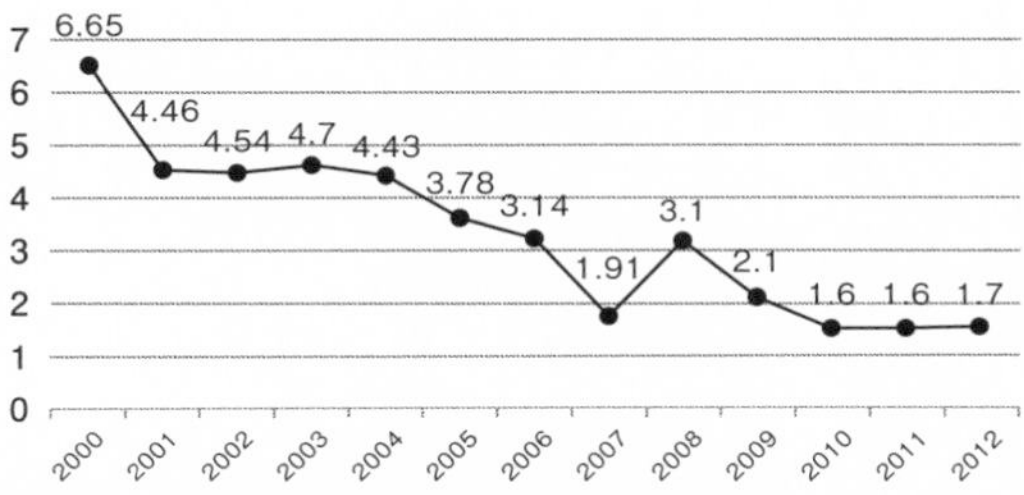

図23：スラブチチ市における失業率の推移（％）

出所：Удовиченко（2013）

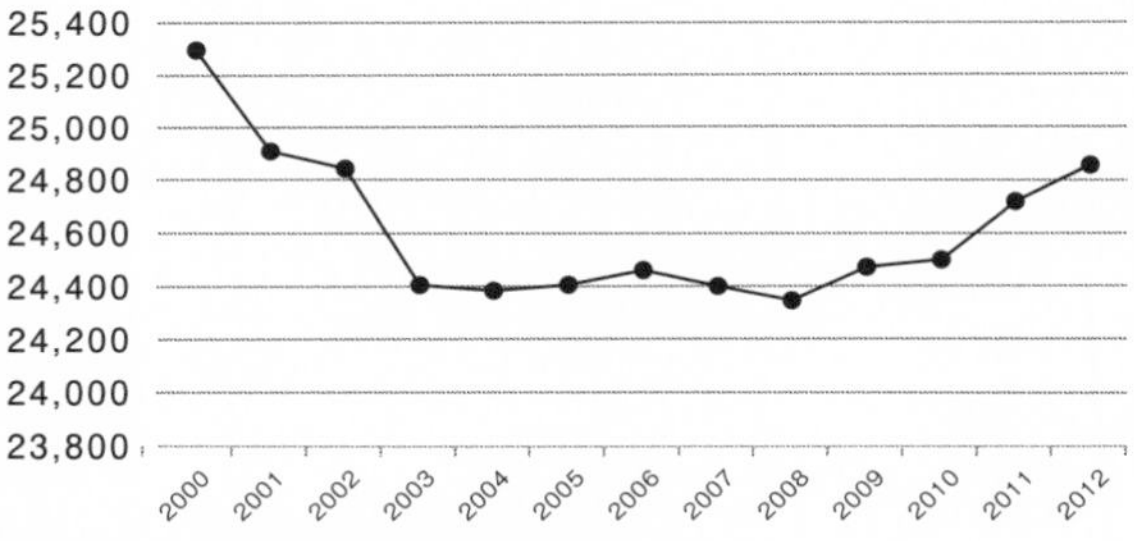

図24：スラブチチ市人口の推移

出所：Удовиченко（2013）

この早期年金受給特例の効果もあり、原発完全閉鎖後もスラヴチチ市では失業率は低い水準に抑えられてきた。２０００年の原発閉鎖時に６・65％であったが、その後低下を続け２０１２年時点で１・７％に下がっている（図23）。同じ２０１２年のウクライナ全体の失業率が８・１％であることと比較すると、スラヴチチ市の失業率は著しく低いといえる。

この低い失業率は、代替雇用創出策だけで達成できたものではない。早期年金受給制度の活用により、統計上の「失業者（求職中）」が減少したことも重要な要因である。「チェルノブイリ廃炉法」は「チェルノブイリ原子力発電所従業者の社会的保護」を目的の一つに定め、失業した元原発従業員への社会保障を充実させた。これにより、スラヴチチ市からの移出者や同市での失業者の大幅な増加を防ぐ効果があった。

このように、原子力発電事業という雇用の受け皿が失われた場合、代替産業を創るための経済政策とともに、経済政策の恩恵を受けられない住民への重点的な社会保障策が必要になる。「チェルノブイリ廃炉法」に定められた元従業員保護策は、そのことを示している。

かつて人口の約半分（1万2000人）が「チェルノブイリ原発」社従業員であった同市では、原発閉鎖による大量失業と人口流出が懸念されていた。実際に原発閉鎖前2万5000人以上であった人口は一時約2万4000人の水準まで減った（2003年時点で2万4398人）（図24）。しかしその後経済特区や雇用創出策の効果もあり、スラヴチチ市の人口は徐々に増え、2020年時点ではほぼ元の水準（約2万5000人）に戻っている。[6] 数字だけ見れば、スラヴチチ市は原発閉鎖後の社会・経済的影響の緩和に成功しているように見える。

（4）廃炉作業に従事する住民の権利を法律で保証

チェルノブイリ原発閉鎖後も、同原発の廃炉関連事業は続く。事故の起きていない1〜3号

事故を起こした4号機を覆う新シェルター内部（2020年）［Getty Images］

機については、通常原発と同様の廃炉作業が実施されている。事故の起きた4号機に対してはアーチ型シェルター（２０１６年設置）を被せ、１００年を超える長期安全管理を行いつつデブリ取り出し技術を開発する計画である。この「シェルタープロジェクト」でもスラヴチチ市住民が働いている。廃炉事業を管轄する「チェルノブイリ原発」社の従業員数は約２７００人（２０１９年時点）[7]であるが、この大半は同社の立地するスラヴチチ市住民である。

「チェルノブイリ廃炉法」は、これら廃炉関連事業に従事する市民（主にスラヴチチ市住民）の待遇についても定めている。同法12条は、チェルノブイリ廃炉作業員の待遇は通常原発の従業員以上にしなければならない、と規定している。

> 核安全性の保障のため、そしてウクライナにおける高度専門技術人材確保のため、チェルノブイリ原発廃止作業期間中の停止した原子炉施設における作業員、およびシェルター施設作業員には、ウクライナ法が定める各種優遇措置（訳注：核施設作業員向けの保障など）を維持したうえで、ウクライナの他の営業中原発における同様の職務・ポストにある作業員の平均給与以上の給与を設定しなければならない。（傍線は筆者）

実際に確認すると、２０１９年時点でウクライナ全国の平均月給が約３４０ドルであるのに対し、チェルノブイリ廃炉関連事業従業者の月給は約５００ドルという事例もある。[8]日本の福島第一原発廃炉現場では、多重下請け構造により作業員の給与が不当に低く設定される事例も報じられてきた。対照的にチェルノブイリ廃炉現場においては、事業者が恣意《しい》的に作業員の給与を引き下げることに法的な歯止めがある。下請け企業の作業員であっても、この規定により、稼働中原発（ウクライナではすべて国営）従業員と同レベル以上の給与が保証されている。

法律により保証されているのは、給与面の待遇だけではない。「チェルノブイリ廃炉法」（7条）は、これら廃炉に従事する市民の健康診断や放射線安全上の管理も国の予算で行うものと定めている。この「廃炉法」により、廃炉に従事するスラヴチチ市住民の健康保護には、国が継続

スラヴチチ市中心部。亡くなった収束作業員たちの記念碑がある（2014年）［Getty Images］

して責任を持つことが約束されているのだ。

チェルノブイリ原発では、「シェルタープロジェクト」を中心に、今後も長期間の工程が続く。スラヴチチ市にはチェルノブイリ廃炉関連作業員に対する訓練センターがあり、今後も同市が廃炉拠点となる。今後も多くのスラヴチチ市住民が同原発廃炉関連のプロジェクトで働き続けることになる。

これら廃炉関連事業で働く住民達に十分な待遇を保証することは、スラヴチチ住民の生活を保証することにつながり、ひいてはスラヴチチ市の社会・経済的安定のためにも重要である。

「原発従業員の町」としてのスラヴチチ市に対する雇用・労働者保護政策の経験は、原発に依存する立地地域にとって重要な教訓を示している。

第一に、原発事故の影響で特定地域の住民が大量失業の危機に直面するとき、国（政府や国営企業）による重点的な特例措置が必要になる。スラヴチチ市の場合、国営企業が数百人規模の代替雇用を準備し、同市だけに特化した「経済特区」法も制定された。人口約2万5000人の町のために、大統領令や中央議会の立法によりこれらの特例が導入されたことは注目に値する。原発関連事業に過度に依存する（スラヴチチ市の場合9割以上）自治体が、原発閉鎖後も安定して存続するためには、地域の努力だけでなく国の側からも相当の特例措置が必要になることが分かる。国策により過度な原発依存状態が生じた地域では、やはり国の責任で原発閉鎖の社会・経済的影響緩和に努める必要があるのだ。事故ではなく通常の原発閉鎖で雇用危機に直面する地域の場合も、同じことが言える。

第二に、閉鎖される原発が地域にとって大きな雇用の受け皿であった場合、経済政策だけでなく、影響を受ける住民に対する重点的な社会保障策が必要になることも分かる。原発閉鎖で仕事を失ったスラヴチチ住民に対しては、手厚い失業補償や早期年金受給特例も認められた。住民の保護と町の存続のために、経済政策とセットで特例的な社会保障策が実施されていることに注意したい。

そして、スラヴチチ市住民を念頭に作られた「チェルノブイリ廃炉法」の規定は、事故原発の廃炉に関与する地域での作業員保護の重要性を示唆している。今後もスラヴチチ市住民の一定数はチェルノブイリ原発廃炉（1～3号機）とシェルタープロジェクト（4号機）で雇用されることになる。「チェルノブイリ廃炉法」は廃炉作業員に対する待遇を法律で規定し、健康管理面での国の責任を定めた。「廃炉法」のこの規定は、廃炉事業で雇用される住民を保護することで、スラヴチチ市の社会・経済的安定を保証するものでもある。

日本でも福島第一原発では完了時期の見通せない「廃炉に向けた作業」が続く。作業に従事する方々の待遇や健康に対する国の責任を法的に定めることは、個々人の権利保護の観点だけでなく、作業員の方々が生活する地域の社会・経済状態の安定のためにも必要である。「チェルノブイリ廃炉法」の作業員保護の考え方は、福島第一原発廃炉という長期的課題を抱える日本でも取り入れていくべき先例である。

1　ウクライナ内閣決議（10月26日付１４１１号）「スラヴチチ市住民とチェルノブイリ原発従業員のための追加雇用創出プログラム」
2　１９９９年6月３日付ウクライナ法Ｎ７２１ＸＩＶ「スラヴチチ経済特区について」
3　チェルノブイリ原発ではすでに発電事業は行われていないが、送電線は継続して使用されているため、送電が一定の割合を占めることになる。
4　ウクライナ法「チェルノブイリ原子力発電所の今後の稼働、稼働状態からの引き離し及び同原子力発電所の崩壊した四号炉の環境上安全なシステムへの変容に関する基本原則について」（１９９８年12月11日）

5　ウクライナ財務省サイト https://index.minfin.com.ua/labour/unemploy/（２０２０年９月17日アクセス）

6　スラヴチチ市公式サイト http://e-slavutich.gov.ua/about_city/SitePages/Passport.aspx（２０２０年９月16日アクセス）

7　チェルノブイリ原発社公式サイト https://chnpp.gov.ua/ru/about/trade-union（２０２０年９月16日アクセス）

8　２０１９年４月26日付 "Средняя зарплата — $500. Один день из жизни современного работника Чернобыльской АЭС" https://people.onliner.by/2019/04/26/chern-6（２０２０年９月16日アクセス）

主な参考文献

尾松亮（２０１５）「「スラブチチ市」の「町づくり」政策—原発事故避難者を中心に、多様な人材を受け入れ、周辺地域を巻き込み発展する」『災害復興研究』第７号、９-21頁

馬場朝子、尾松亮（２０１６）『原発事故　国家はどう責任を負ったか—ウクライナとチェルノブイリ法』東洋書店新社

Агентство по развитию бизнеса в г. Славутич (2013) "СПЕЦІАЛЬНА ЕКОНОМІЧНА ЗОНА"

Удовиченко В.П. (2013) "Развитие Славутича как Техноэкополиса"

2. 市民が汚染水処分方針を変えた
スリーマイル島原発「汚染除去」助言パネル

事故が起きた原発では、廃炉工程以前の段階から大量の汚染物質に対処する必要がある。事故と、それに続く緊急時対応で生じた汚染水の処理・処分も困難な課題となる。「汚染除去」の方法や、作業中のトラブルによっては、地域が追加的な汚染をうけることがありうる。隣接する地域の住民にとって、それは、生活環境に影響を及ぼす脅威である。

そのため「汚染除去」や「汚染水対策」が地域に与える影響を最小限にとどめる努力とともに、その「汚染除去」プロセスに関する住民への十分な情報公開が求められる。事業者や政府が決めた作業計画を一方的に伝え、特定の利害関係者から形だけ意見を聞くのでは、広く住民の納得を得ることはできない。「汚染除去」計画をめぐる意思決定に、住民が直接参加し、その意見を反映させていく仕組みが必要となる。

そのような住民参画の取り組みの先例として、スリーマイル島原発事故後に設立された「汚染除去」助言パネルの事例を紹介したい。

（1）地域住民の「意見取り入れ」が目的

スリーマイル島原発「汚染除去」助言パネルが設立されたのは１９８０年11月である。同原発事故（１９７９年３月）後の汚染対策をめぐり「意思決定への参加」「事業者への監視強化」を求める住民の声を受けて、米国原子力規制委員会（ＮＲＣ）が設立した。このパネルは連邦助言委員会法（Federal Advisory Committee ACT）に基づくＮＲＣへの助言組織として位置づけられている。

同パネルの目的は「スリーマイル島原発周辺地域住民からの意見を取り入れ、汚染除去に関する意思決定にペンシルベニア州政府が参加する機会を保証する」ことである。

同パネルの初会合は１９８０年11月12日に開催され、１９９３年９月23日の最終回まで、13年間に計78回の会合が行われた。当初計画では定例会合は年２回の予定であったが、実際にはより頻繁に会合が行われた。定例会合以外にも同パネルメンバーは年に一度、ＮＲＣ本部（ワシントンＤ.Ｃ.）を訪問し、ＮＲＣ委員長に対する活動報告・助言の場を持った。

13年間の活動期間を通じ、同パネルでは「汚染除去」に関わる様々な問題が取り上げられてきた。継続して議題となったのは「高レベル放射性廃棄物の扱い」「汚染除去・廃炉費用の確保」「周辺住民への健康影響」「汚染水処理・処分」などの問題である。

そのなかでも、事故と収束対策時に生じた大量の汚染水（処分時８７０６トン）への対策は同パ

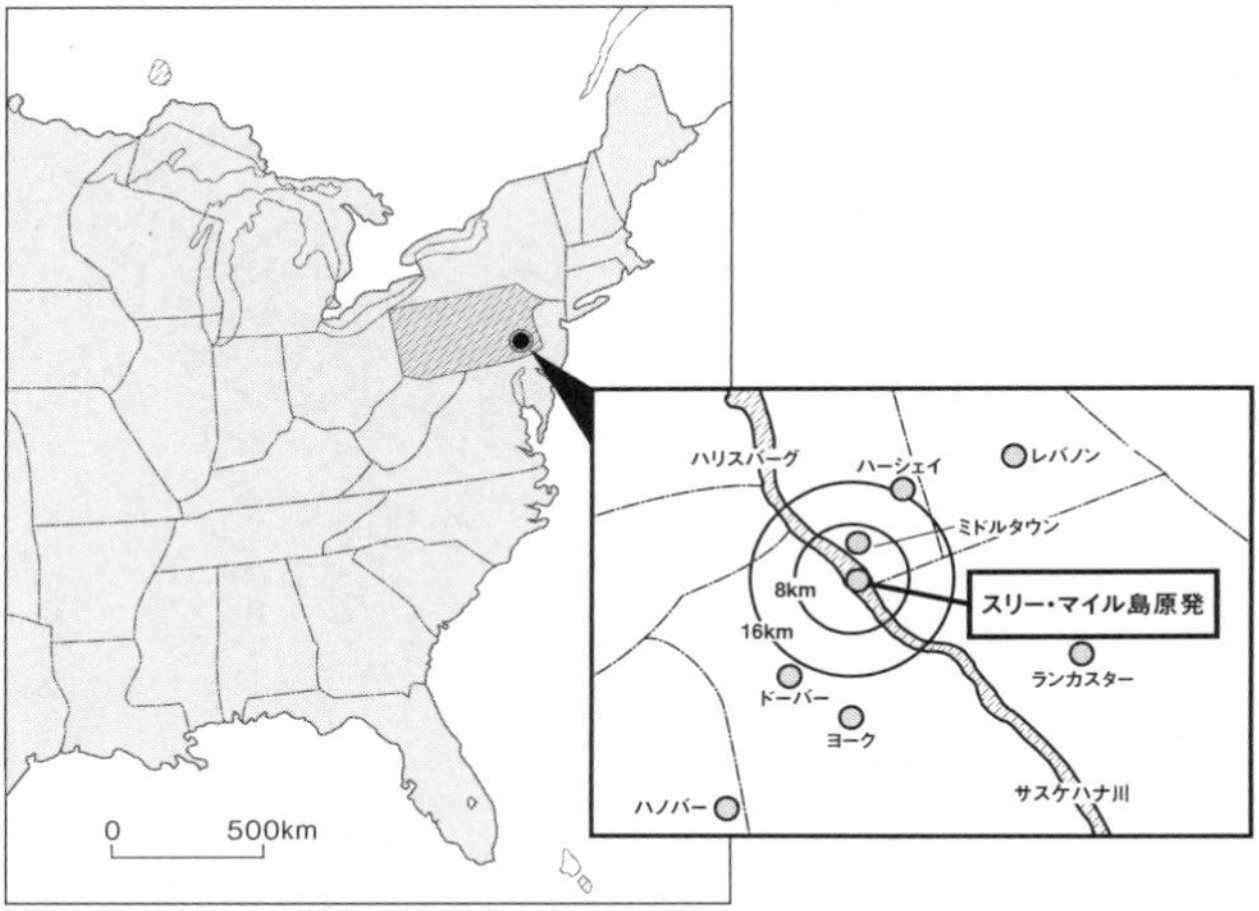

図25：スリーマイル島原発の位置

ネルの最大の関心事の一つであった。スリーマイル島原発は周辺住民にとって重要な水源であるサスケハナ川中に位置している。住民が恐れるシナリオは、同原発からの汚染水がサスケハナ川に大量に流出することであった。「放射性物質が下流に流され、ランカスター住民の飲み水を汚染しないよう監視すること。これが私にとって、助言パネルで最大の優先事項でした」と、ランカスター市を代表して同パネルに参加し、後にパネル議長を努めたモリス元ランカスター市長は述べている（2020年7月15日付『AP News』）。ランカスター市はスリーマイル島原発から約25kmの距離に位置している。

（2）一般住民の参加機会を広げる努力

同パネル設立時のメンバーには、モリス氏を含む周辺自治体の代表者、科学者、ペンシルベニア州政府担当者ら12名が選出された。ここには周辺自治体の首長や州政府の防災・環境・保健行政担当者が含まれている。これらメンバーの意見を聞くことで、NRCは同パネルの目的である「住民意見の取り入れ」「州政府の参加」を形式上は保証したとも言える。しかしこの「汚染除去」パネルでは、より広く地域住民が議論に参加できるよう運営上の工夫がなされている。

常任メンバー以外にも、パネル会合には広く一般住民の参加が認められ、毎回一般参加者からのコメントや質問のための時間も設けられた。パネル会合で議論された問題について、常任メンバー以外の住民が書面で意見を提出することも認められた。

パネル会合には、周辺地域で活動する市民団体の代表者達が継続的に出席し、プレゼンテーションや意見表明をする機会も与えられている。事故以前からスリーマイル島原発に反対してきた市民団体Three Mile Alertや環境団体「サスケハナ渓谷アライアンス」、健康影響問題に取り組む市民グループConcerned Mothersなどが、継続的にパネル会合に参加し、「汚染除去」に対する住民からの懸念を伝えた。

会議進行の面でも、一般参加者の発言機会を尊重するように工夫がなされた。たとえば夜遅くまで続く会合の最後まで残ることが難しい参加者に配慮し、一つの議題についての報告が終

スリーマイル島原発（2010年）［Getty Images］

わるたびに、一般参加者からのコメントを募るよう議事進行が変更された。

さらに同パネル会合は報道機関に公開されており、地域の新聞社やテレビ局が継続的に議論の内容を伝えた。これにより「汚染除去」をめぐる議論の内容を広く地域住民に知らせ、パネル会合への参加を促す効果もあった。「（同パネルのおかげで）一般住民は通常知ることのできない汚染除去についての情報を得て、議論に参加できるようになった」と一般参加者の一人は振り返っている（参考文献1、22頁）。

地域住民からの要請を受けて、議題が追加されたケースもある。当初から一般参加者や市民団体の代表者は、原発事故と汚染除去活動による健康影響を議論することを求めてきた。この声を受けて、１９８６年には同助言パネルの定款が修正された。その結果「スリーマイル島原発2号機事故に関連した健康影響問題の検討」が、同パネルの活動に含まれるようになった。

（3）市民参加の議論で汚染水処分方針が変わる

スリーマイル島原発「汚染除去」助言パネルは、事業者や規制委員会ＮＲＣからの一方的な説明、事後承認手続きの場ではなかった。パネルに参加した住民の提案が、汚染除去計画の選択肢を追加し、さらには特定の選択肢を撤回させることもあった。

汚染除去の担当事業者GPU Nuclear Corporationの関係者も「助言パネルが提起した問題は、事業者として検討しなければならなかった。特にパネル内の専門家からの指摘は無視できなかった」と述べている。同パネルに参加したＮＲＣ職員は「助言パネルによるチェックがあるため、事業者は汚染除去計画提出前に注意深く計画の内容を検討するようになった」と指摘する。

当初、事業者は「ＮＲＣの規制規準に従って（汚染水を）直接サスケハナ川に放出できる」という立場であった。しかし、この直接放出プランは「住民からの反発を懸念して」撤回された。米国エネルギー省の資料（参考文献2）では「１９８０年、ランカスター市に拠点を置くサスケハナ渓谷アライアンスが、２６５０トンの汚染水をサスケハナ川に放出するという事業者GPU/Met Edの計画の阻止に成功した」と述べられている。この議論を受けて、１９８１年3

月ＮＲＣは「処分方法の決定は、汚染水の処理作業が完了するまで先延ばしにする」「原発敷地内で保管が可能なレベルまで汚染度を下げ、処分法決定まで保管を続ける」と汚染水処分法決定を留保している（参考文献２）。

環境団体「サスケハナ渓谷アライアンス（ＳＶＡ）」による「直接放出」計画阻止は助言パネル設立以前の出来事である。しかし、その後同パネルでの議論を通じて「直接放出」方針は撤回され、それ以外の選択肢を探る流れとなった。ＳＶＡメンバー達は同パネルに定期的に参加し、汚染水処理をめぐる「直接放出」以外の様々な方法を提案した。同パネルの活動を総括した報告書では、「ＳＶＡは、事故により発生した汚染水処分について積極的に議論に参加した。ＳＶＡメンバーらは汚染水処分計画を検討し、複数の代替案を提案するとともに、記録に残すよう頻繁に書面でのコメントを提出した」（参考文献１、８頁）と評価されている。このような市民団体からの提案を事業者やＮＲＣに検討させることができたのも、助言パネルの「広く市民を巻き込む」運営によるところが大きい。

（４）意見対立こそが信頼につながる

スリーマイル島原発「汚染除去」に関するＮＲＣの最終決定は、必ずしも周辺地域住民の多くから賛同を得たとは言えない。除去が困難な放射性物質トリチウムを含む汚染水について、住民の多くが「敷地内タンクでの保管継続」を求めていた。それに対して、最終的にＮＲＣは「蒸気化して大気中への放出」という処分法を認めた。

しかし事業者やＮＲＣが、「蒸気化放出」の結論を先に決めていたわけではない。事業者は当初「(サスケハナ川への) 直接放出」を提案しており、この案は助言パネルを通じた議論で撤回された。ＮＲＣは汚染レベルを下げる処理を行いつつ、汚染水処分の最終決定までのタイミングを遅らせ、助言パネルを通じた議論を続けた。「(川への) 直接放出」が撤回された１９８０年から、「蒸気化放出」を開始した１９９０年までに約10年間かかっている。多くのパネルメンバーや一般参加者が「(同パネルによって) 住民からの事業者やＮＲＣに対する監視が強化された」と評価している。

スリーマイル島「汚染除去」助言パネルでは、広く市民の参加を認め、多様な意見がぶつけられた。同パネルに関する報告書や議事録を見ると、簡単に合意形成ができなかったことが分かる。しかし「簡単な合意形成がなかった」ことが、同パネルへの住民からの信頼感を強めたことも評価されている。「多くの議題についてパネルメンバーの間に意見の対立があったことで、パネルへの信頼性が強まった」と複数のパネルメンバーが指摘している。広い地域に影響を与える決定だからこそ、ＮＲＣはできる限り最終決定を「先送り」し、助言パネルは異なる意見を持つ住民が意思決定プロセスに参加できるよう手を尽くしたのだ。

原発事故で大量に生じた汚染水・汚染物質の除去について、住民全員が満足する解決策を見つけることは難しい。しかし事業者や政府機関があらかじめ決めた選択肢に「了解を迫る」決定プロセスを進めれば、住民からの納得を得ることはできない。

福島第一原発事故後、敷地内で増え続ける汚染水の保管と処分方法が深刻な課題となっている。日本政府は、処分方法決定を「先送りしない」と強調し、それが政策決定者の責任の取り方であるかのように手続きを急いでいる。汚染水の処分をめぐる議論に、日本政府はどの程度地域住民を参加させることができたのか。処分法に関する検討において、住民参加機会を作る努力をどれだけしてきたのか。

国際社会からは、スリーマイル島「汚染除去」助言パネルとの比較で評価されることになる。

主な参考文献

1 Denise Lach, et al.(1994)“Lessons learned from the Three Mile Island Unit 2 Advisory Panel”

2 Chuck Negin (2014) “TMI-2 Tritiated Water Experience”

編著者あとがき

福島第一原子力発電所が稼働開始したのは1971年。私が生まれたのは、その7年後の1978年。2011年3月11日とそれに続く事態を、33歳の私は、ほぼ何も知らずに迎えた。8歳の頃に世界を震撼させたチェルノブイリ原発事故の記憶はあったが、「日本の原発はソ連の旧式とは違うので日本で事故は起こらない」と繰り返し聞いていた。原発について特に支持することも、積極的に反対することもしてこなかった。

福島第一原発事故が起きると、後になって色々なことを知った。福島第一原発から東京まで300㎞も離れていないこと。放射性ヨウ素を含むプルームは東京を直撃していたこと。最悪のシナリオで「全都避難」も想定されていたこと。事故直後から「炉心溶融」がわかっていたこと。「想定外」といわれたが、実はあれだけの津波を想定した議論はなされていたこと。知らずに電気を使っていたじゃないか。勉強不足のお前が馬鹿だった。そう言われればそれまでだった。実際にそう言われてきた。

日本では24基の廃炉が決定している。廃炉原発はこれからも増える。これは変えられない世界の流れであり、そうあるべきだ。

過酷事故の原因となる核燃料はこれ以上増やさないでほしい。今ある核燃料は、あらゆる手段を尽くして人間の生活圏から隔離してほしい。切にそう願う。数十年の地域振興と引換えに地中で数万年管理なんていうことではなく。

それでも、地震・津波リスク地域に立つ日本の原子力施設では、まだしばらく使用済核燃料の貯蔵が続き、汚染施設の解体が進められることになる。

「廃炉中原発には運転中のような事故リスクはない」「プール貯蔵中の使用済燃料は十分冷却されているので危険性は低い」。政府や電力事業者はすでに、そんな説明を繰り返している。

日本より先に廃炉が進む国ではどうなのだろうか。「プールに燃料が残るうちは安全規制を緩めるな」「乾式貯蔵施設にもテロ対策が必要」「数十年後の海面上昇を考慮せよ」……。住民参加の市民パネル、州政府職員や市長らが真剣に対策を議論している。

「廃炉中に事故は起きないって言ったではないか」「汚染流出はないって」「使用済燃料は撤去するって言ったのに」。すべて後から言っても遅いのだ。

「何事もないこと」を本当に願う。

何か起きたとして影響を被るのは、「その電気を使ってすらいない」子ども達なのだ。

本書のテーマ、「原発廃炉が地域社会にもたらす影響と対策」は、日本ではまだなじみのないものだと思う。読者のみなさんの原発に対する直近の関心事が「再稼働の是非」であるならば、もう一歩進んで質問を発してほしい――「再稼働せずに廃炉決定した場合には、何が問題になり、今からどんな対策が必要なのか」。

「再稼働の是非」が問われている原発でも、その原発内の一部はすでに廃炉決定し廃炉計画が策定されている場合もある。ただ議論が進んでいないというだけで、現実はすでに始まっているのだ。将来の廃炉方針が住民不在で決められることのないよう、注視していく必要がある。具体的には、住民投票を求める市民の勉強会、議会選挙や首長選挙での候補者討論会や候補者アンケートなど、質問を発する機会を積極的に探り、作ってみてほしいのだ。

その質問のための論点は、本書のなかに用意されている。

住民自らが「廃炉決定後の地域」を考え質問を発するとき、「廃炉」に敷地外からの目が加わる。そのとき、本書がくり返し求めてきた「廃炉時代を見据えた議論」はもう始まっているのだ。

『原発「廃炉」地域ハンドブック』は、世界の先行地域の経験をもとに、廃炉時代を迎えた日本での地域社会の課題を検討する、というやや挑戦的な企画である。編著者の主なテーマは原子力防災やエネルギー政策で、ロシアと米国を中心に調査している。ドイツ等の地域、そして何より日本国内の地方自治や条例などの問題は専門外である。

執筆者の乾康代氏（2章）、今井照氏（3章）、大城聡氏（6章）は、みな編著者が尊敬する専門家であり、今回難しい企画に協力いただいたことに改めて感謝したい。それぞれの専門分野から本『ハンドブック』に、編著者では手の届かない内容と視点を盛り込んでくれた。本書で上記執筆者担当章以外の部分は、すべて編著者によるものであり、そこで述べた見解や、その記述の誤り含め責任は、すべて編著者に帰するものである。

執筆者以外でも、多くの専門家からの協力を得てこの『ハンドブック』は成立した。翻訳協力者の熊坂裕一郎氏には「廃炉制度研究会」資料の翻訳をしていただき、本書企画立案に大いに役立った。その類まれなる言語力と正確な作業で、これからも海外の知恵を日本に伝える仕事に力を貸してほしいと願う。

野呂雅之氏（関西学院大学災害復興制度研究所研究員）には、第4章「廃炉時代の地域防災」の素案をチェック頂き、的確なコメントを頂いた。筒井哲郎氏（「プラント技術者の会・原子力市民委員会」）には、序章コラムの素案を見ていただき重要な助言を頂いた。

東洋書店新社の岩田悟氏は単著デビュー作『3・11とチェルノブイリ法』（２０１３年初版）以来、重要なタイミングで一緒に仕事をしてきた仲間である。企画提案の段階から「廃炉を敷地外の社会問題として考える」というコンセプトに共鳴し、「このテーマは必要」「できる」と励まし続けてくれた。
最後に尊敬する熊坂義裕氏（医療法人双熊会理事長・（社）社会的包摂サポートセンター代表理事）に、言葉には尽くせない感謝を伝えたい。無謀にも私が「廃炉制度研究会を立ち上げる」というと座長を務めていただき、多くの心ある専門家とひきあわせてくれた。熊坂氏の雑誌連載や著書『駆けて来た手紙』（幻冬舎）のなかでは、繰り返し「廃炉制度研究会」や私の問題提起を取り上げていただいた。私が「廃炉をめぐる地域制度の専門家」として発言できるようになったのも、氏の後押しのおかげだ。何よりも氏が福島県知事選（２０１４年）の折に語った「一度信念を曲げてしまったら、取り返しのつかないことになる」という言葉が、困難な道を自ら選ぶ際の「道しるべ」となっている。本書執筆を決めた折、そして執筆中に何度もその言葉を思い返し、安易な妥協への誘惑を断つことがあった。今後も熊坂氏のこの言葉が、私の導きとなる。

コロナパンデミックの一刻も早い終息を願う。
やがてもう一度、世界の廃炉地域を巡り、そこで交わされている言葉を日本に伝えたい。

２０２１年２月

尾松　亮

［編著者］

尾松 亮（おまつ・りょう）

東京大学大学院人文社会研究科修士課程修了。文部科学省長期留学生派遣制度により、モスクワ大学文学部大学院に留学。その後、民間シンクタンクでロシア・北東アジアのエネルギー問題を中心に調査。2011 ～ 12 年に「子ども・被災者支援法」策定のための与党 PT・政府 WT に有識者として参加。廃炉制度研究会主宰。
著書に『3.11 とチェルノブイリ法』（東洋書店新社）、『チェルノブイリという経験』（岩波書店）ほか。

［著者］（50音順）

乾 康代（いぬい・やすよ）

1953 年生まれ、大阪大学文学部哲学科、大阪工業大学工学部建築学科卒業、大阪市立大学大学院生活科学研究科単位取得退学、学術博士。専門は住居計画、都市計画。元茨城大学教育学部教授。
著書に『ストック時代の住まいとまちづくり』（共著、彰国社）、『原発都市』（幻冬舎ルネッサンス新書）ほか。

今井 照（いまい・あきら）

（公財）地方自治総合研究所主任研究員。1953 年生まれ、自治体職員を経て 1999 年より福島大学行政政策学類教授、2017 年より現職。
主著に、『自治体再建』『地方自治講義』（いずれもちくま新書）、共編著に『原発事故 自治体からの証言』（ちくま新書）、『原発避難者「心の軌跡」実態調査 10 年の〈全〉記録』『原発災害で自治体ができたことできなかったこと』『福島インサイドストーリー』（いずれも公人の友社）ほか。

大城 聡（おおしろ・さとる）

弁護士。東京千代田法律事務所。福島の子どもたちを守る法律家ネットワーク（SAFLAN）事務局長として原発問題に取り組む。
主な著書論文（共著含む）に『あなたが変える裁判員制度』（同時代社）、『築地移転の謎 なぜ汚染地なのか』（花伝社）、『原発避難白書』（人文書院）、「「原発事故子ども・被災者支援法」の意義と課題」『教育と医学』（慶應義塾大学出版会）。

原発「廃炉」地域ハンドブック

編著者　尾松 亮
著　者　乾 康代・今井 照・大城 聡

2021年3月20日　初版第1刷発行

発行人　揖斐 憲
発　行　東洋書店新社
〒150-0043 東京都渋谷区道玄坂1-22-7 道玄坂ピアビル4階
電話 03-6416-0170　FAX 03-3461-7141

発　売　垣内出版株式会社
〒158-0098 東京都世田谷区上用賀 6-16-17
電話 03-3428-7623　FAX 03-3428-7625

装　丁　伊藤拓希 (cyzo inc.)
D T P　inkarocks
印刷・製本　中央精版印刷株式会社

落丁・乱丁本の際はお取り替えいたします。定価はカバーに表示してあります。

ISBN978-4-7734-2041-8